辽宁省职业教育"十四五"规划教材

高等职业教育机电类专业新形态教材

机械制图与 CAD

主 编 韩桂新 曾海红

副主编 宗宇鹏 张 黎

参 编 石宝丰 张元军 赵 娜

　　　　吕 波 孙红雨

机械工业出版社

本书是在广泛吸取高职高专制图教学改革实践经验的基础上进行编写的，突出了应用型、实用性的特点，全面贯彻现行国家标准。

本书按照 120~150 学时进行编写，内容包括制图基本知识与技能、机械制图的投影基础、组合体、图样常用的表达方法、标准件与常用件、零件图、装配图与 AutoCAD 2016 基本操作及应用。

本书配套资源丰富实用，包括微课视频、动画、电子课件以及电子教案，还附带 4 套模拟试卷，并配有答案及评分标准。其中，微课视频和动画资源可通过扫描书中的二维码进行观看，有利于激发学生的学习兴趣，是教学的好帮手，学习的好助手。凡选用本书的教师可登录机械工业出版社教育服务网（http://www.cmpedu.com）注册后免费下载其他配套资源。咨询电话：010-88379375。

本书可作为应用型本科、高职高专、电大、函授以及成人教育院校机械类和近机械类专业教材以及高等教育自学考试相关专业的学习用书，也可供有关工程技术人员参考。

图书在版编目（CIP）数据

机械制图与 CAD/韩桂新，曾海红主编. —北京：机械工业出版社，2022.10（2024.6重印）

高等职业教育机电类专业新形态教材

ISBN 978-7-111-72222-9

Ⅰ.①机… Ⅱ.①韩… ②曾… Ⅲ.①机械制图-AutoCAD 软件-高等职业教育-教材 Ⅳ.①TH126

中国版本图书馆 CIP 数据核字（2022）第 235549 号

机械工业出版社（北京市百万庄大街 22 号　邮政编码 100037）

策划编辑：王英杰　　　　　　责任编辑：王英杰
责任校对：郑　婕　梁　静　　封面设计：王　旭
责任印制：张　博

三河市宏达印刷有限公司印刷

2024 年 6 月第 1 版第 4 次印刷

184mm×260mm・15 印张・368 千字

标准书号：ISBN 978-7-111-72222-9

定价：49.00 元

电话服务　　　　　　　　　　网络服务

客服电话：010-88361066　　　机　工　官　网：www.cmpbook.com
　　　　　010-88379833　　　机　工　官　博：weibo.com/cmp1952
　　　　　010-68326294　　　金　书　网：www.golden-book.com

封底无防伪标均为盗版　　机工教育服务网：www.cmpedu.com

前言

按照党的二十大关于职业教育的指示精神，根据教育部办公厅印发《"十四五"职业教育规划教材建设实施方案》的有关要求，为体现产业发展的新工艺、新技术、新规范、新标准，融合岗课赛证元素等特点，编者在经过充分的企业调研，广泛吸取高职高专制图专业教学改革实践经验的基础上编写了本书。

本书具有以下特色：

1）本书中的主要知识点均配有微课视频和动画，并与书中内容无缝对接，能够突出教学重点和难点，读者可通过扫描书中的二维码进行观看。

2）全面贯彻现行国家标准的要求，体现了本书的先进性。

3）与本书配套的《机械制图与CAD习题集》同时出版，习题集的内容与本书内容相呼应。

4）与本书配套的免费资源还有电子课件、电子教案、4套模拟试卷及答案。

5）本书图文并茂，编写思路清晰、层次分明，内容循序渐进、立体感强，对于重点、难点和易错的部分图形不但有文字说明，还采用双色印刷，重点突出，一目了然。

6）本书以对看图与画图能力的培养为主线，先构建宏观的知识框架，再从微观上穿针引线，将其编织成网，以形成严谨的知识体系。书中插入大量精美、直观的轴测图，通过立体图与平面图的相互转化，使看图与画图相结合，对学生看图与画图能力的培养起到了强化和推进作用，使本书成为真正意义上的立体化、影像化、趣味化教材。

本书是按120~150学时要求进行编写的，对于非机类专业的少学时教学要求，可根据本专业的特点对学习内容进行适当删减或降低要求。

参与本书编写的有：沈阳职业技术学院韩桂新（编写绪论、第7章）、赵娜（编写第1章）、张元军、吕波（编写第5章）、曾海红（编写第6章）、张黎（编写第8章）、孙红雨（编写附录）、辽宁科技学院宗宇鹏（编写第2章、第3章）、中国铁路沈阳局集团有限公司石宝丰（编写第4章）。本书由韩桂新统稿。

由于编者水平有限，书中错误在所难免，敬请广大读者批评指正。

编　者

二维码索引

（续）

目录

绪论

1. 为什么要学习"机械制图与CAD"课程

根据投影原理、国家标准及有关规定，表示工程对象，并有必要技术说明的图，称为图样。

人类在现代生产活动中，无论是机器制造、仪器设备或建筑工程的设计与施工，都必须依赖图样才能进行。图样已成为人们表达设计意图和交流技术思想的工具。所以说，图样是工程界的"技术语言"，是人类语言的补充，是人类智慧和语言发展到更高阶段的具体体现。

图样已成为人们传递技术信息和设计思想的媒介与工具，更是培养高素质、专业技术全面、技能熟练的高技能人才和大国工匠的重要基础性资料。

本课程是学习识读和绘制机械图样的原理和方法的一门技术基础课。同学们通过学习本课程，能够为学习机械原理、制图软件、机械设计等后续课程和发展自身的技术能力打下必要的基础。

由于AutoCAD是工程中使用非常广泛的软件之一，所以本书介绍了AutoCAD2016常用功能。

2. 本课程的主要内容和基本要求

"机械制图与CAD"课程的内容包括机械制图的基本知识、投影基础、组合体、图样的表达方法、标准件与常用件、零件图与装配图的绘制与识读、零部件测绘及计算机绘图（AutoCAD）等。学完本课程应达到以下基本要求：

1）掌握运用正投影原理表达空间形体的方法，培养和发展空间想象和思维能力。

2）掌握正确使用绘图仪器画图和徒手画图的方法，并具有较高的绘图能力和技巧。

3）遵照国家标准的规定，能够识读和绘制中等复杂程度的零件图、装配图。

4）掌握计算机辅助绘图（AutoCAD）的基本方法，并具有绘制中等复杂程度图形的能力。

5）零部件测绘是本课程中综合的教学环节。通过1~2周的集中测绘练习，可对本课程的基本知识、原理与方法得到综合地应用与训练，以便更贴近生产实践。

6）培养耐心细致的工作作风和严肃认真的工作态度。

3. 学习方法提示

1）本课程是一门既有理论，又有较强实践性的专业基础课，其核心内容是学习如何用二维平面图形来表达空间形体，以及由二维平面图形想象三维空间物体的形状。因此，学习本课程的方法是由始至终地把物体的投影与物体的形状紧密联系起来，即依照投影规律不断地"见形思物"和"见物想形"，逐步提高空间想象能力和空间思维能力。

2）充分利用立体化、影像化教材的优势，通过微课与动画，要做到课前预习，课堂上积极地跟着老师的思路走，主动学习，积极且多方位地进行思考，对应该掌握的基本知识要学透、学精，融会贯通，对形式各样的机器零件能够进行正确、精准地表达。对于不懂的、难以理解的内容，课后要反复观看微课与动画，所谓"只要功夫深，铁杵磨成针""一分耕耘，一分收获"就是这个道理。

3）常言道"看花容易，绣花难"，学习本课程时一定要勤动手，多练习，如果不动手去画（包括手工画图与计算机绘图），只是看明白了就浅尝辄止是绝对不可以的。所以一定要学与练相结合，每次课后，一定要认真完成相应的作业，只有这样才能使知识得到巩固。要做到读与画结合，以画促读，才能不断提高识图与绘图的能力。

4）由于本课程的实践性很强，在零部件测绘阶段，要综合利用基础理论，来表达和识别工程实际中的零部件，既要用理论指导画图，又要在画图实践中加深对画图理论与方法的理解。这样，才有利于工程意识和工程素质的培养。

5）要严格执行国家标准中关于技术制图与机械制图的有关规定，对于常用的标准应该牢记并熟练运用。

第1章

制图基本知识与技能

教学提示：

1）熟悉常用绘图工具的使用方法和技巧。

2）掌握《技术制图》《机械制图》国家标准中有关图纸幅面与格式、标题栏与明细栏、比例、字体、图线及尺寸标注等的基本规定。

3）熟悉基本几何图形的作图方法。

图样是工程技术界中生产与交流的一种技术语言，是设计与生产中的重要技术资料。关于图样的画法、尺寸注法和技术要求等，国家标准都有统一规定。本章将介绍绘图工具的使用、制图国家标准和平面图形画法等相关内容。

1.1　绘图工具及其使用方法

"工欲善其事，必先利其器"。正确使用绘图工具是提高手工绘图的质量和效率的一个重要方面。本节将对常用绘图工具及其使用方法做简单介绍。

1.1.1　图板

图板是绘图时用来铺放和固定图纸的矩形木板。板面应平整光滑，其左侧为图板导边，必须平直。图纸可用胶带纸固定在图板上，如图 1-1a 所示。

1.1.2　丁字尺

丁字尺由尺头和尺身组成，与图板配合使用，主要用来画水平线，如图 1-1a 所示。使用时左手握尺头，使尺头内侧靠紧图板导边，上下移动丁字尺，右手沿尺身自左向右画水平线。

1.1.3　三角板

一副直角三角板由 45°和 30°（60°）的两块三角板组成。三角板与丁字尺配合使用，可画铅垂线以及与水平线成 30°、45°、60°以及 15°倍数角的倾斜线，如图 1-1b 所示。两块三角板互相配合，可画出任意直线的平行线和垂直线，如图 1-1c 所示。

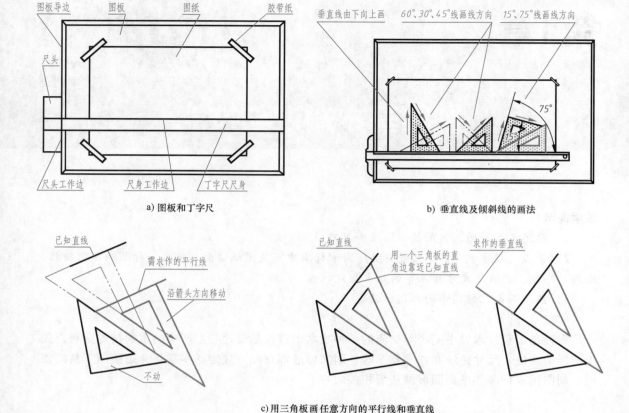

a) 图板和丁字尺

b) 垂直线及倾斜线的画法

c) 用三角板画任意方向的平行线和垂直线

图 1-1 图板、丁字尺、三角板的使用

1.1.4 圆规

圆规是用来画圆和圆弧的工具。圆规常配有铅笔插脚、钢针插脚（代替分规用）和一支延伸杆（画大圆时使用）。使用圆规时应将钢针有台肩的一端朝下，扎入图纸，并使台肩与铅芯尖平齐，圆规的两脚垂直于纸面，如图1-2所示。

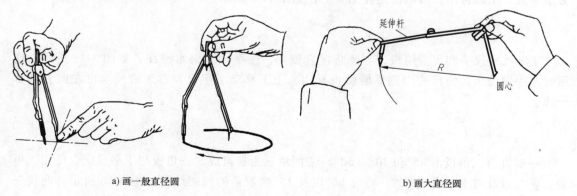

a) 画一般直径圆

b) 画大直径圆

图 1-2 圆规的使用

1.1.5 分规

分规是用来截取尺寸、等分线段或圆周的工具。分规的两腿均装有钢针，当两腿并拢时，针尖应对齐，如图1-3所示。

正确　错误

图1-3 分规的使用方法

1.1.6 铅笔

铅笔芯有不同的软硬度，用标号H、B及HB来区分。标号B表示软芯，B前的数字越大，铅芯越软；标号H表示硬芯，H前的数字越大，铅芯越硬；HB表示软硬适中。

常用2H铅笔画底稿线，并削成尖锐的圆锥形，如图1-4a所示；用HB或B铅笔加深加粗实线，用B或2B作圆规铅笔插脚（做圆规插脚的铅笔要比描深铅笔软一号），均削成扁铲形，如图1-4b所示。铅笔应从没有标号的一端开始使用，以便保留铅芯硬度的标号。

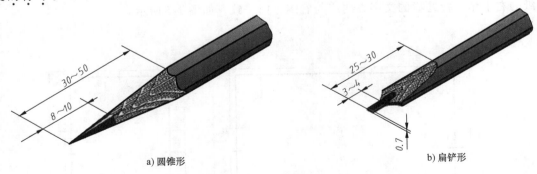

30~50　8~10

a) 圆锥形

25~30　3~4　0.7

b) 扁铲形

图1-4 铅笔的削法

1.1.7 绘图纸

绘图纸要求质地坚实，用橡皮擦拭不易起毛。用图纸的正面绘图。

除以上工具外，绘图时还要备有橡皮、小刀、擦图片、砂纸和胶带纸等。

1.2 国家标准关于制图的基本规定

1.2.1 图纸的幅面与格式（GB/T 14689—2008）

"GB/T"为推荐性国家标准代号，简称国标，"14689"是标准的编号，"2008"是该项标准发布的年份。

1. 图纸幅面尺寸

绘制图样时应优先采用表 1-1 中所规定的五种基本幅面，其中 A1 号图纸幅面是 A0 号图纸幅面的 1/2，其余类推。必要时允许加长幅面，加长幅面尺寸在 GB/T 14689—2008 中另有规定。

表 1-1　图纸幅面及图框尺寸　　　　　　　　　　　　（单位：mm）

幅面	A0	A1	A2	A3	A4
（短边×长边）$B×L$	841×1189	594×841	420×594	297×420	210×297
（无装订边的留边宽度）e	20			10	
（有装订边的留边宽度）c	10			5	
（装订边的宽度）a	25				

2. 图框格式

每张图纸在绘图前都必须先画图框线。图框线用粗实线绘制，其格式有两种：留装订边和不留装订边，如图 1-5 所示，尺寸见表 1-1。

3. 标题栏与明细栏

标题栏一般由更改区、签字区、其他区、名称及代号区组成。国家标准规定的标题栏如图 1-6a 所示。为简便起见，也可采用简化的标题栏与明细栏，如图 1-6b 所示。标题栏位于图纸的右下角，标题栏的文字方向应与看图方向一致，如图 1-5 所示。

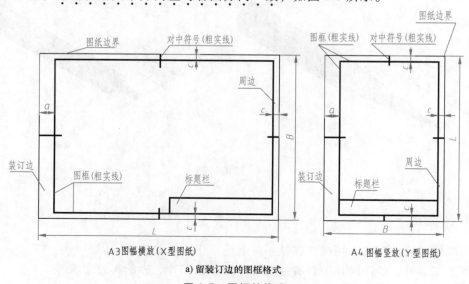

A3图幅横放（X型图纸）　　　　　　　A4图幅竖放（Y型图纸）

a) 留装订边的图框格式

图 1-5　图框的格式

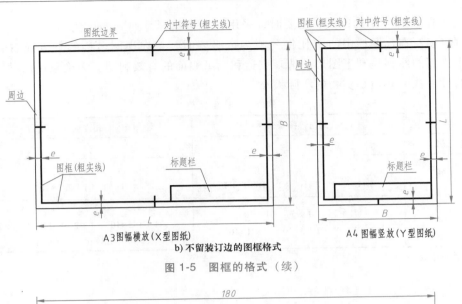

b) 不留装订边的图框格式

图 1-5　图框的格式（续）

a) 国家标准规定的标题栏

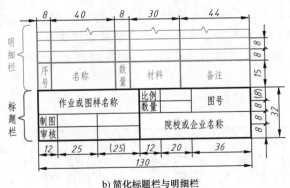

b) 简化标题栏与明细栏

图 1-6　标题栏与明细栏的样式

提示： 画零件图时，只需用标题栏；画装配图时，既要使用标题栏，还要加明细栏。

1.2.2　比例（GB/T 14690—1993）

比例是图样中图形与其实物相对应要素的线性尺寸之比。绘制图样时，一般采用表 1-2

中"优先选择系列"中的比例。必要时，采用"允许选择系列"的比例。

比例应填写在标题栏中的"比例"栏内。必要时，可在视图名称的下方或右侧注出比例。选用比例的原则是利于图形的清晰表达和图纸幅面的有效利用。无论采用何种比例，图中所注的尺寸数值必须是实物的实际大小。

表 1-2 比例系列

种类	优先选择系列	允许选择系列
原值比例	1 : 1	—
放大比例	5 : 1 2 : 1 $5 \times 10^n : 1$ $2 \times 10^n : 1$ $1 \times 10^n : 1$	4 : 1 2.5 : 1 $4 \times 10^n : 1$ $2.5 \times 10^n : 1$
缩小比例	1 : 2 1 : 5 1 : 10 $1 : 2 \times 10^n$ $1 : 5 \times 10^n$ $1 : 1 \times 10^n$	1 : 1.5 1 : 2.5 1 : 3 1 : 4 1 : 6 $1 : 1.5 \times 10^n$ $1 : 2.5 \times 10^n$ $1 : 3 \times 10^n$ $1 : 4 \times 10^n$ $1 : 6 \times 10^n$

注：n 为正整数。

1.2.3 字体（GB/T 14691—1993）

在图样和文件中书写的汉字、数字、字母要符合国家标准，应做到字体端正、笔画清楚、间隔均匀、排列整齐。字体的号数即字体的高度，其公称尺寸系列分别为 20mm、14mm、10mm、7mm、5mm、3.5mm、2.5mm、1.8mm 共八种，书写时要选择适当。

1. 汉字

图样上的汉字应写成长仿宋体字，并应采用国家正式公布的简化字。汉字的高度不应小于 3.5mm，字宽约等于字高的 2/3。

书写要领是横平竖直、注意起落、结构匀称、填满方格。

2. 字母和数字

字母和数字有直体和斜体之分，斜体字字头向右倾斜，与水平基准线成 75° 角。

字母和数字分 A 型和 B 型两种。A 型字体的笔画宽度为字高的 1/14，B 型字体的笔画宽度为字高的 1/10。在同一张图样中，只允许选用一种型式的字体。

3. 字体示例

汉字、数字和字母的示例见表 1-3。

表 1-3 字体

字体		示例
长仿宋体汉字	10 号	字体工整、笔画清楚、间隔均匀、排列整齐
	7 号	横平竖直、注意起落、结构均匀、填满方格
	5 号	技术制图石油化工机械电子汽车航空船舶土木建筑矿山井坑港口纺织焊接设备工艺
	3.5 号	螺纹齿轮端子接线飞行指导驾驶舱位挖填施工引水通风阀阀坝棉麻化纤

（续）

字体		示例
拉丁字母	大写斜体	*ABCDEFGHIJKLMNOPQRSTUVWXYZ*
	小写斜体	*abcdefghijklmnopqrstuvwxyz*
阿拉伯数字	正体	0 1 2 3 4 5 6 7 8 9
	斜体	*0 1 2 3 4 5 6 7 8 9*
罗马数字	正体	I II III IV V VI VII VIII IX X
	斜体	*I II III IV V VI VII VIII IX X*
字体的应用示例		$\phi 20^{+0.010}_{-0.023}$　7^{+1}_{-2}　$\frac{3}{5}$　$10Js5(\pm 0.003)$　$M24\text{-}6h$ $\phi 25\frac{H6}{m5}$　$\frac{II}{2:1}$　$\frac{A}{5:1}$　$\sqrt{}$ $Ra\ 6.3$　$R8$　5%

1.2.4　图线（GB/T 4457.4—2002）

图样中所采用的各种形式的线称为图线。国家标准对图线的线型、线宽及应用范围等有统一的规定。

1. 线型及应用

国家标准 GB/T 4457.4—2002《机械制图　图样画法　图线》中规定了机械图样的 9 种图线，见表 1-4，应用举例如图 1-7 所示。

表 1-4　图线

图线名称	线型	线宽	一般应用
粗实线	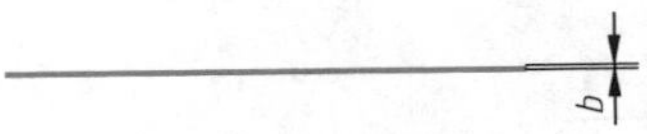	d	1）可见轮廓线 2）可见棱线、相贯线 3）螺纹牙顶线、螺纹长度终止线、齿顶圆（线） 4）表格图和流程图中的主要表示线
细实线		$d/2$	1）过渡线 2）尺寸线和尺寸界线 3）剖面线 4）重合断面的轮廓线 5）引出线 6）表示平面的对角 7）螺纹的牙底线及齿轮的齿根线

（续）

图线名称	线型	线宽	一般应用
波浪线		$d/2$	
双折线		$d/2$	1）断裂处的边界线 2）视图和剖视的分界线
细虚线		$d/2$	1）不可见轮廓线 2）不可见棱线
粗虚线		d	允许表面处理的表示线
细点画线		$d/2$	1）轴线 2）对称线和中心线 3）分度圆（线） 4）剖切线
细双点画线		$d/2$	1）相邻辅助零件的轮廓线 2）可动零件极限位置的轮廓线 3）轨迹线
粗点画线		d	限定范围表示线

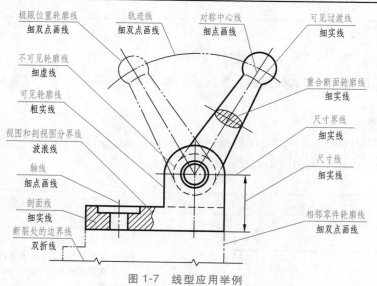

图 1-7　线型应用举例

2. 图线的其他注意事项

1）机械图样中采用粗、细两种线宽，线宽的比例为 2∶1，在同一图样中，同类线宽应保持一致。

2）线宽应在下列数系中选取：0.13mm、0.18mm、0.25mm、0.35mm、0.5mm、0.7mm、1mm、1.4mm、2mm。

3）粗实线（包括粗虚线、粗点画线）线宽通常选用 0.7mm，与之相对应的细实线（包括波浪线、双折线、细虚线、细点画线、细双点画线）线宽为 0.35mm。

4）细点画线、细双点画线的首末两端应是线段，而不是点。

5）两条平行线之间的最小间隙不得小于 0.7mm。

6）各种线型相交时，都应以线段相交，不应在空隙或点处相交。

7）中心线伸出轮廓线 2~3mm。

1.2.5　尺寸的标注方法（GB/T 4458.4—2003）

机械图样中不仅用图形表达零件的结构形状，还要用尺寸确定零件的真实大小，尺寸是制造零件的主要依据，是图样的重要组成部分。因此，尺寸标注必须依据国家标准，做到正确、完整、清晰。

1. 基本规则

1）零件的真实大小应以图样上所标注的尺寸数值为依据，与图形所采用的比例及绘图的准确度无关。

2）图样中的尺寸以 mm 为单位时，不需标注计量单位的代号或名称，如采用其他单位，则必须注明相应的计量单位的代号或名称。

3）零件每个尺寸，一般只标注一次，并应标注在反映该结构最清晰的视图上。

4）尺寸标注时，应尽量使用符号和缩写词。常用符号和缩写词见表 1-5。

表 1-5　常用符号和缩写词

名称	符号和缩写词	名称	符号和缩写词	名称	符号和缩写词
直径	ϕ	厚度	t	沉孔或锪平	⊔
半径	R	正方形	□	均布	EQS
球直径	$S\phi$	45°倒角	C	弧长	⌒
球半径	SR	深度	↧	埋头孔	⌄

2. 尺寸组成的要素

每一个完整的尺寸应由尺寸界线、尺寸线和尺寸数字组成，称为尺寸三要素，标注示例如图 1-8 所示。

（1）尺寸数字　尺寸数字表示尺寸度量的大小，一般标注在尺寸线的上方或者左侧。

线性尺寸的数字方向：水平方向字头向上，竖直方向字头朝左，倾斜方向字头保持向上趋势，并应尽量避免在图 1-9 所示的 30°范围内标注尺寸，如必须在此范围内标注，需引出标注，如图 1-9b 所示。

尺寸数字不应被任何图线通过，当不可避免时，图线必须断开，如图 1-10 所示。

标注角度的数字字头一律向上，并水平书写，如图 1-11 所示。

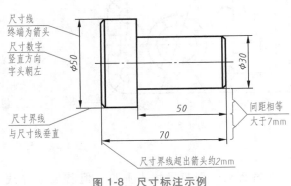

图 1-8　尺寸标注示例

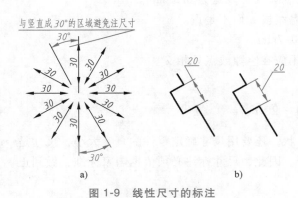

图 1-9　线性尺寸的标注

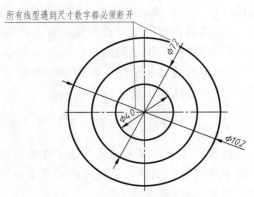

图 1-10　尺寸数字应避开图线

（2）尺寸线　尺寸线为尺寸度量的方向，应用细实线单独画出，不可用其他线（如轮廓线、中心线或它们的延长线）代替尺寸线。

标注线性尺寸时，尺寸线须与所标注的线段平行，如图 1-12a 所示。图 1-12b 所示为尺寸线错误画法的示例。

尺寸线终端一般用箭头表示，箭头粗端约为粗实线宽度，箭头长度约为 6 倍粗实线宽度。

（3）尺寸界线　尺寸界线为尺寸度量的范围，一般用细实线单独画出，也可以利用轮廓线或轴线作为尺寸界线，如图 1-13a 所示。

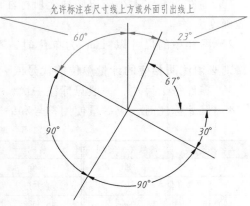

图 1-11　角度尺寸的标注

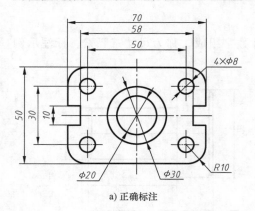

a) 正确标注

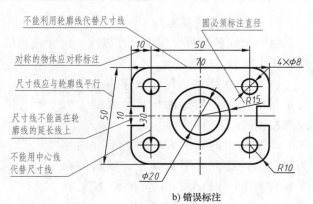

b) 错误标注

图 1-12　尺寸线的画法

尺寸界线一般与尺寸线垂直，但若尺寸界线太贴近轮廓线时，允许倾斜，如图 1-13b 所示。

在光滑过渡处标注尺寸时，必须用细实线将轮廓线延长，从交点引出尺寸界线，如图 1-13b 所示。

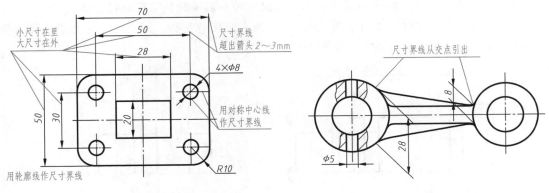

a) 正常尺寸标注规则   b) 尺寸界线倾斜标注情形

图 1-13 尺寸界线的画法

3. 常见的尺寸标注

（1）直径与半径的标注　整圆标注直径尺寸，以圆周轮廓线作为尺寸界线，尺寸线通过圆心，尺寸数字前加注直径符号 φ，如图 1-14a 所示。

小于或等于半圆的圆弧标注半径，尺寸线通过圆心指向圆弧，尺寸数字前加注半径符号 R，如图 1-14a 所示。

标注大于半圆的圆弧直径时，尺寸线应画至略超过圆心，只在尺寸线一端画箭头指向圆弧，如图 1-14b 所示。

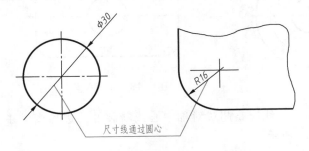

a) 圆与圆弧正常标注   b) 大于半圆的圆弧标注

图 1-14 直径和半径的标注方法

当圆弧的半径过大或在图纸范围内无法标出圆心位置时，可采用折线的形式标注，如图 1-15 所示。

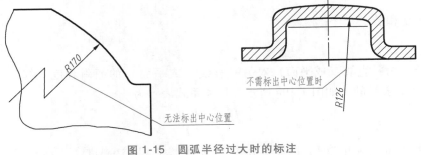

图 1-15 圆弧半径过大时的标注

（2）小尺寸的标注　标注小直径或小半径尺寸时，箭头和数字可布置在圆弧外。

标注一连串小尺寸时，可用小圆点或45°短细实线代替箭头，圆点大小应与箭头尾部宽度相同，最外两端箭头仍应画出，如图1-16所示。

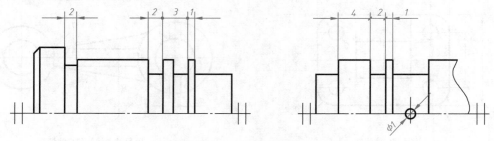

图1-16　小尺寸的标注

4. 简化标注（GB/T 16675.2—2012）

1）同一图形中，尺寸相同的孔、槽等结构，仅需在一个结构上标注其尺寸和数量，并可用缩写词"EQS"表示均匀分布，如图1-17所示。

2）标注板状零件厚度时，可在尺寸数字前加注厚度符号"t"，如图1-18所示。

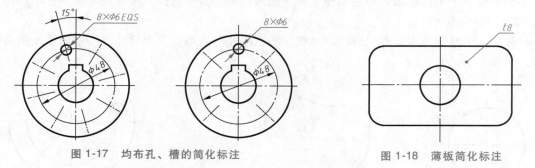

图1-17　均布孔、槽的简化标注　　　　图1-18　薄板简化标注

3）对称图形仅画一半或大于一半时，尺寸线应略超过对称中心或断裂处的边界线，并在尺寸线一端画出两条短细实线，如图1-16所示。

1.3　几何图形的画法

零件的轮廓形状是多样的，但表达它们的图样基本上都是由直线、圆弧和其他一些曲线所组成的几何图形。因此，掌握一些几何图形的画法是十分必要的。

1.3.1　斜度和锥度

1. 定义

斜度（S）为一直线（或平面）对另一直线（或平面）的倾斜程度。其大小是以它们间夹角的正切值表示的，如图1-19a所示。用关系式表示为

$$S = \tan\beta = \frac{H-h}{L}$$

通常把比例的前项化为1，以简单分数 1：n 的形式来表达斜度。

锥度（C）为正圆锥的底圆直径（D）与圆锥高度（H）之比，用关系式表示为

$$C = \frac{D}{H}$$

而圆台的锥度就是两底圆直径之差与两圆台之间轴向距离 L 之比，如图 1-9b 所示，用关系式表示为

$$C = 2\tan\frac{\alpha}{2} = \frac{D-d}{L}$$

与斜度的表示方法一样，通常也把锥度的比例前项化为 1，写成 $1:n$ 的形式。

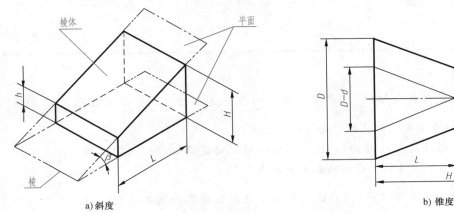

图 1-19　斜度和锥度的定义

2. 画法及标注

斜度和锥度的画法及标注如图 1-20 所示。

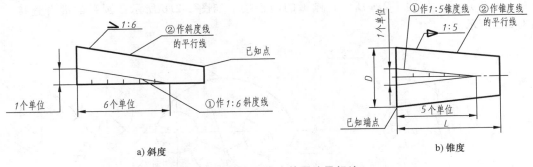

图 1-20　斜度和锥度的画法及标注

1.3.2　圆弧连接

在机械图样中，常需要用已知半径的圆弧光滑连接（即相切）相邻的已知线段（直线段或圆弧），称为圆弧连接。此圆弧称为连接弧，连接点即为切点。为了使作图准确，必须先求出连接弧的圆心和连接点，才能保证连接光滑。

1. 作图原理

作图原理见表 1-6。

表 1-6　圆弧连接的作图原理

圆弧与直线连接（相切）	圆弧与圆弧外连接（外切）	圆弧与圆弧内连接（内切）
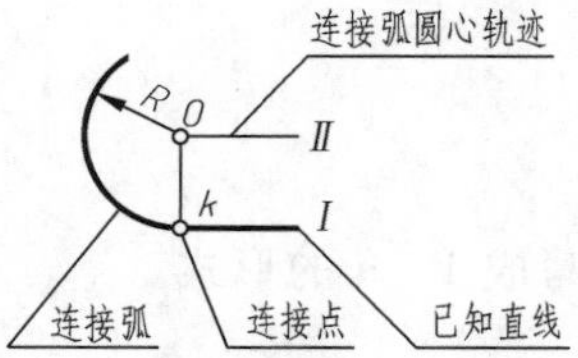 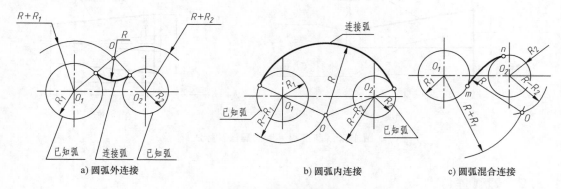	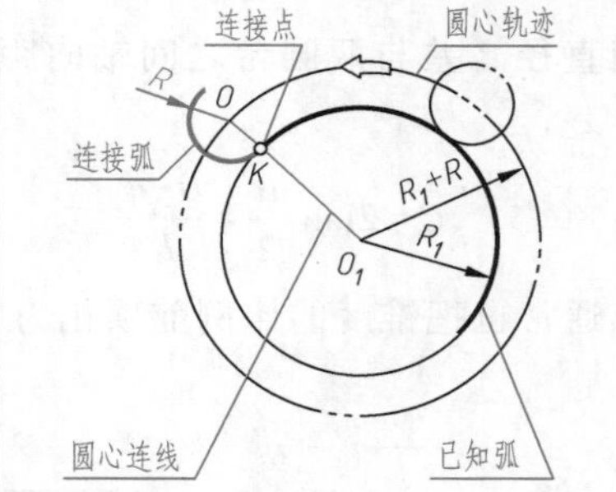	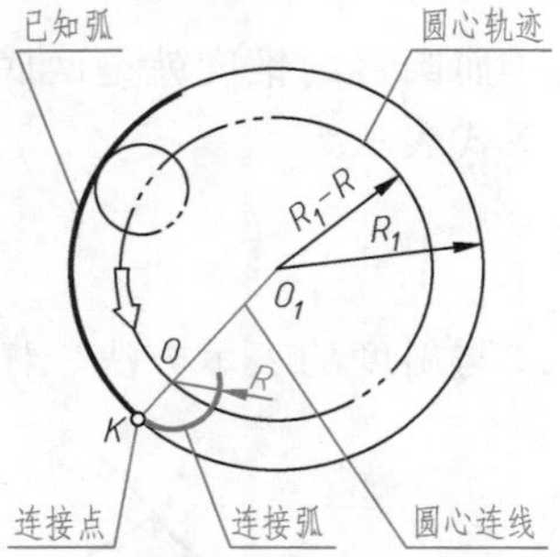

提示：

1）圆弧与直线连接（相切）：连接弧圆心的轨迹是平行于定直线且相距为 R 的直线；切点为连接弧圆心向已知直线作垂线的垂足 K。

2）圆弧与圆弧外连接（外切）：连接弧圆心的轨迹是已知圆弧的同心圆，其半径为 $R_1 + R$；切点为两圆心连线与已知圆弧的交点 K。

3）圆弧与圆弧内连接（内切）：连接弧圆心的轨迹是已知圆弧的同心圆，其半径为 $R_1 - R$；切点为两圆心连线的延长线与已知圆弧的交点 K。

2．圆弧连接作图方法

用已知半径为 R 的圆弧连接两已知圆弧。平面图形中常用圆弧连接作图的三种情况，即圆弧的外连接，如图 1-21a 所示；圆弧的内连接，如图 1-21b 所示；圆弧的混合连接，如图 1-21c 所示。

a) 圆弧外连接　　　　　　　b) 圆弧内连接　　　　　　　c) 圆弧混合连接

图 1-21　圆弧连接作图方法

3．圆弧连接作图示例

机械图样中用圆弧连接能表达复杂多样的图形。掌握用圆弧连接作图的技能，对机械图样的绘制非常重要。

图 1-22 所示为需用圆弧连接方法作图表达的图形，图中分别演示了圆弧的外连接和内

连接画图方法。

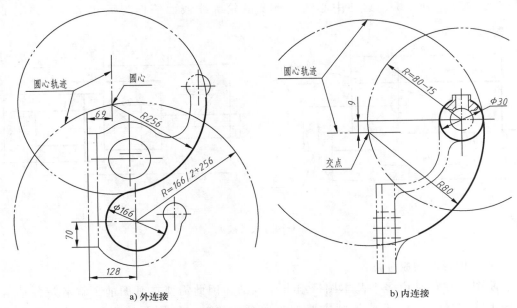

a) 外连接   b) 内连接

图 1-22   图样中的圆弧连接画法

1.4   平面图形的画法

　　平面图形由若干线段（直线或曲线）连接而成，这些线段的形状、相对位置和连接关系是由给定的尺寸确定的。因此，画图时需通过对平面图形进行尺寸分析，找到线段间的关系，才能明确该平面图形的画图步骤。

　　绘制平面图形是按尺寸标注的内容进行的，分析平面图形，首先从分析图样中所注的尺寸开始，其次，分析各线段及图形组成，以便确定作图时的先后次序。

　　1. 平面图形的尺寸分析

　　根据尺寸在平面图形中所起的作用，尺寸可分为定形尺寸和定位尺寸两种。

　　（1）定形尺寸　凡决定封闭线框形状或线段大小的尺寸均称为定形尺寸。一般来说，圆和圆弧的直径或半径，多边形的边长和顶角的大小都是定形尺寸，如图 1-23a 所示的 $\phi20$、$\phi10$、$R10$、70、50。

　　（2）定位尺寸　平面图形通常由若干封闭的线框构成，凡决定各封闭线框或线段之间相对位置的尺寸均称为定位尺寸。图 1-23b 所示的 $\phi42$、45°为定位尺寸。通常，每一线框或线段需要两个方向的定位尺寸。对称图形要采用对称标注。

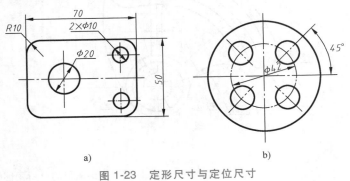

a)   b)

图 1-23   定形尺寸与定位尺寸

（3）尺寸基准　平面图形在每个方向上，标注尺寸的起始点称为尺寸基准。一般选用图形的对称中心线、圆的中心线、重要的轮廓线或面等作为尺寸基准，如图1-24所示。

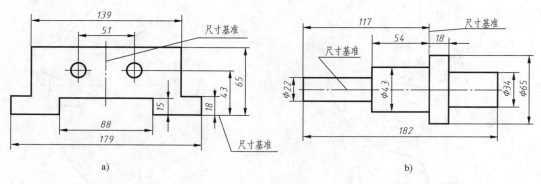

图1-24　尺寸基准

2. 平面图形的构成分析

平面图形往往是由多个基本图形组合而成的，因此需要在画图前了解清楚各基本图形之间的主次关系。一定要先画主要的，后画次要的。特别要注意的是，不要按写字的习惯，从上到下、从左到右的画图，要分析清楚图形的组成单元的内容，然后分别画出。

图1-25a所示的图形由三部分组成，最下面的一组圆是主要图形，另两个图形都依附在这一组圆上，因此，先画这一组圆，如图1-25b所示；再画出中间的图形，如图1-25c所示；然后画出最上面手柄的图形，手柄下端的R36圆弧尺寸的定位点在中间的图形上，如图1-25d所示；最后画出连接图形及其他的细小图形，完成全部图形的绘制。

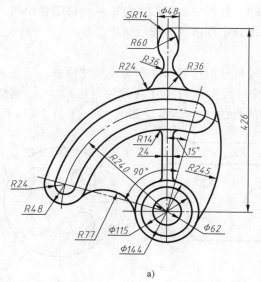 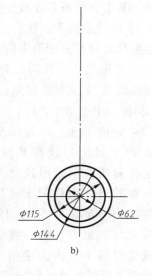

图1-25　平面图形的分析画图

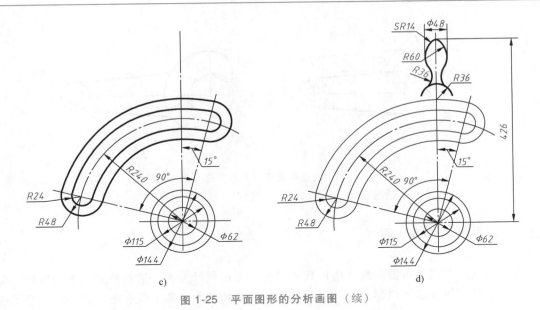

图 1-25 平面图形的分析画图（续）

【例】 绘制扳手平面图形。

作图:

（1）图形分析 该图形的中心距尺寸为132，两中心点分别为$\phi44$内接六边形和$\phi28$的圆心，如图 1-26a 所示。

（2）图面布置 底稿线画出两孔的中心线，保证两孔的中心线距离尺寸132，如图 1-26b 所示。

（3）绘制图形 按已知图形及尺寸先画出两中心点上的图形，其中左端图形与$R44$圆弧内接，如图 1-26c 所示；再画出中间连接形状的图形，如图 1-26d 所示；作中心线（44/2）的平行线并与$R44$圆弧相交，过交点画直线与$\phi28$圆相切，作直线与$R44$圆弧连接，如图 1-26e 所示。

（4）检查加深 按图形及尺寸检查，确定准确无误后加深全图，保证线型及图面内容符合制图标准，如图 1-26f 所示。最后完成尺寸标注，如图 1-26a 所示。

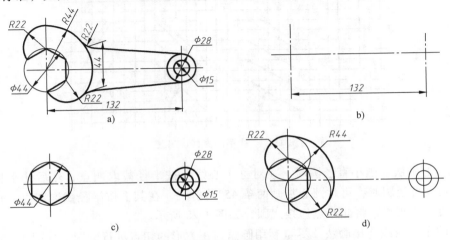

图 1-26 扳手平面图形作图步骤

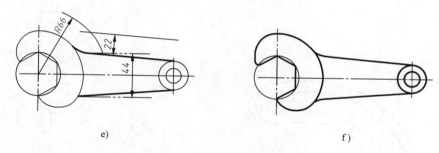

e)   f)

图 1-26   扳手平面图形作图步骤（续）

1.5   徒手画图的一般方法

徒手绘制的草图是机器测绘、生产现场讨论和分析设计方案、进行技术交流的图样，应用广泛。它是不借助绘图仪器和工具，用目测估计实物的大小徒手绘制的。徒手画图是工程技术人员一项重要的基本技能。

徒手绘制的草图同样要求做到：内容完整，图形正确，图线清晰，字体工整。为了提高徒手画图的速度和技巧，应注意以下两点。

1. 在方格纸上练习徒手画图

在方格纸上练习徒手画图便于控制图形大小比例。画图时，铅笔要削成圆锥形；画线时，握笔的手腕要悬空，小指接触纸面。草图纸不固定，可随时将图纸转到适当的角度。

2. 掌握各种线条的徒手绘制方法

（1）直线的画法   图形中的直线尽量与方格纸线条重合。画直线时均匀用力，匀速运笔，一气呵成，运笔方向如图 1-27 所示。

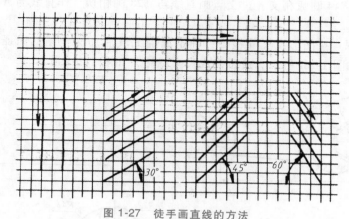

图 1-27   徒手画直线的方法

（2）圆的画法   画小直径圆时，在对称中心线上按半径截取四点，然后徒手将四点连接成圆。画大直径圆时，可过圆心加画两条 45°的射线，在其上按半径截取四点，再加上中心线上的四点共八点，将此八点连接成圆，如图 1-28 所示。

（3）圆角、曲线连接画法   尽量利用圆弧与正方形的切点进行画图，如图 1-29 所示。

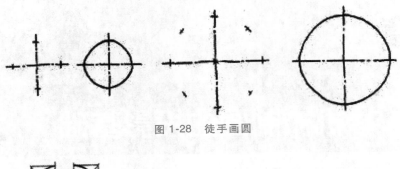

图 1-28 徒手画圆

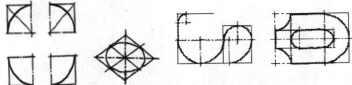

图 1-29 圆角、曲线连接的徒手画法

第2章

机械制图的投影基础

教学提示：

1）掌握正投影法的原理和基本投影特性。
2）熟悉三视图的概念，熟练运用"三等"规律。
3）熟悉点、线、面的投影特性，熟练掌握特殊位置直线、平面的投影特点。
4）熟悉基本几何体（平面立体、曲面立体）的三视图画法。
5）掌握正等轴测图的绘制方法，了解斜二等轴测图的绘制方法。

2.1 投影法的知识

用日光或灯光照射形体，在地面上和墙面上都会形成影子，影子只能显示该形体大概的外轮廓形状，内部结构却不能清晰完整的表达。人们系统地研究了这种现象的规律，并总结出一套在二维平面上表达三维空间形体的投影理论。如图2-1所示，投射线通过物体，向选定的面投射，并在该面上得到图形的方法称为投影法。

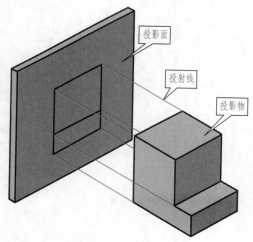

图 2-1 物体的投影

2.1.1 投影法的概念和分类

1. 投影三要素

在任何一个投影体系中都包括投影物（形体）、投射线、投影面三个条件，因此，投影物、投射线、投影面称为投影三要素，如图2-1所示。

2. 投影法的分类

根据投射线的存在方式，可把投影法分为两种。投射线汇交于一点的投影法称为中心投影法，如图2-2所示。应用中心投影法获得的视图具有较强的立体感，广泛应用于装饰设计领域；投射线相互平行的投影法称为平行投影法，如图2-3所示。平行投影法度量性好，能反映形体真实尺寸，在机械图样中应用广泛。

在平行投影法中，投射线与投影面相倾斜的平行投影法，称为斜投影法，如图 2-3a 所示；投射线与投影面相垂直的平行投影法，称为正投影法，如图 2-3b 所示。

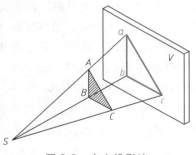

图 2-2　中心投影法

2.1.2　正投影法的基本特性

正投影法主要用于机械图样的绘制，根据正投影法所得的图形称为正投影（正投影图），简称为视图，若无特殊说明，本书采用的投影法均为正投影法，正投影法的特性如下：

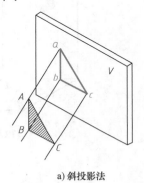

a) 斜投影法

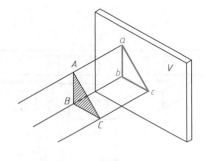

b) 正投影法

图 2-3　平行投影法

（1）实形性　平面（直线）平行于投影面，其投影显示实形（实长），称为实形性，如图 2-4a 所示。

（2）积聚性　平面（直线）垂直于投影面，其投影显示积聚成线（点），称为积聚性，如图 2-4b 所示。

（3）类似性　平面（直线）与投影面倾斜，其投影比原形变小（变短），称为类似性，如图 2-4c 所示。

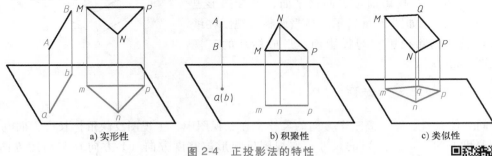

a) 实形性　　　　　　　　　b) 积聚性　　　　　　　　　c) 类似性

图 2-4　正投影法的特性

2.2　物体的三视图及对应关系

2.2.1　三视图的形成

根据有关标准和规定，用正投影法所绘制的图形称为视图。在大多数情

微课 1
三视图及点、
线、面的
投影规律

况下，单个视图不能准确、清晰地表达出形体的形状和结构。如图 2-5 所示，两个形体虽然某一方向的投影相同，但整体形状并不相同。通常情况下，把形体放在三个互相垂直的平面所组成的投影面体系中，从三个相互垂直的方向向投影面进行投射，能够清晰、准确地表达出形体整体形状和结构，这三个互相垂直的平面组成的投影体系称为三投影面体系，如图 2-6 所示。在三投影面体系中，将正立的投影面称为正立面，用 V 表示；将垂直于正立投影面并水平放置的投影面称为水平面，用 H 表示；将同时垂直于正立面和水平面的投影面称为侧立面，用 W 表示。三个投影面的交线称为投影轴，用 OX、OY、OZ 表示。

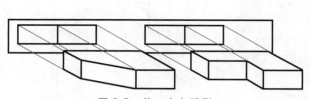

图 2-5 单一方向投影

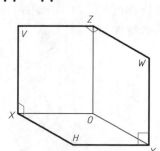

图 2-6 三投影面体系

将形体放入三投影面体系中，采用正投影法同时向三个投影面投射，分别获得下面三个投影视图：

主视图——由前向后投射所得的视图。

左视图——由左向右投射所得的视图。

俯视图——由上向下投射所得的视图。

这三个视图统称为三视图。其形成过程如图 2-7 所示，把 W 平面绕 OZ 轴向后旋转 90°，使 W 平面与 V 平面位于同一平面；再把 H 平面绕 OX 轴向下旋转 90°，此时 W、V、H 三个投影面位于同一平面，投影图形也位于同一平面上，如图 2-8a 所示。适当调整三视图在纸张中的位置，删除投影轴与投影面，形成标准的三视图，如图 2-8b 所示。

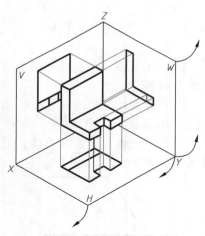

图 2-7 三视图的展开

2.2.2 三视图的对应关系

空间立体有长、宽、高三个方向的尺寸，在三视图中，主视图反映形体长度方向（X 方向）与高度方向（Z 方向）的尺寸；左视图反映形体宽度方向（Y 方向）与高度方向（Z 方向）的尺寸；俯视图反映形体长度方向（X 方向）与宽度方向（Y 方向）的尺寸。故三视图的尺寸存在以下关系：

1）主视图与俯视图长度方向上的尺寸相等，即主俯视图长对正。

2）主视图与左视图高度方向上的尺寸相等，即主左视图高平齐。

3）俯视图与左视图宽度方向上的尺寸相等，即俯左视图宽相等。

通常，把上述投影规律简称为"长对正、高平齐、宽相等"，形体的三视图不仅总体尺寸符合上述投影规律，而且形体上的所有点、棱线、平面都符合上述投影规律，如图 2-9 所示。

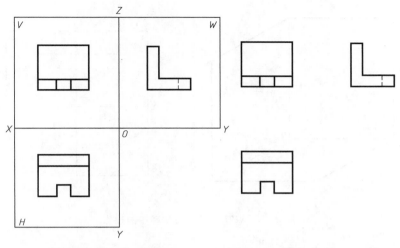

a) 摊平在一个平面上的三视图　　　　b) 去掉坐标轴及平面图框的三视图

图 2-8　三视图的形成

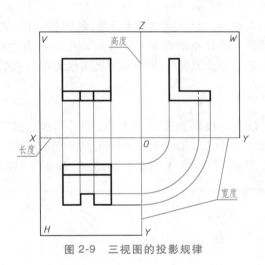

图 2-9　三视图的投影规律

2.3　点的投影

2.3.1　点在三投影面体系中的投影规律

如图 2-10a 所示，把点 A 放入三投影面体系中，由点 A 分别向三个投影面进行投射，在三个投影面上得到点 A 的三面投影 a、a'、a''（其中 a'' 为空间点 A 的侧面投影），将点 A 分别与 a'、a、a'' 连接。将投影体系展开得到图 2-10b 所示的投影视图。

由图 2-10 可以总结出点在三投影面体系中的投影规律：

1）点的两面投影连线必垂直于相应的投影轴。

即 $a'a \perp OX$ 轴；$a'a'' \perp OZ$ 轴；$aa_{YH} \perp OY_H$、$a''a_{YW} \perp OY_W$。

2）点到投影面的距离等于点在另外两投影面的投影到相应投影轴的距离，即"点面距

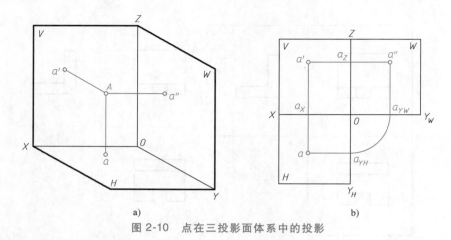

a)   b)

图 2-10　点在三投影面体系中的投影

等于影轴距"。

即 $aa_X = a''a_Z =$ 空间点 A 到 V 面的距离 Aa'；$aa_{YH} = a'a_Z =$ 空间点 A 到 W 面的距离 Aa''；$a'a_X = a''a_{YW} =$ 空间点 A 到 H 面的距离 Aa。

　　点的投影规律说明了点在任一投影面的投影和其余两投影面的投影之间的关系。因此，已知点在两个投影面的投影，依据点的投影规律作图，可以求出点在第三个投影面的投影。

【例 2-1】　已知点 A 在正立投影面的投影和侧立面投影面的投影，求点 A 在水平投影面上的投影，如图 2-11a 所示。

作图：

　　依据点的投影规律，过正立投影面投影 a' 作 OX 轴的垂线，过侧立投影面投影 a'' 作 OY_W 的垂线交 OY_W 于 a_{YW}；以 O 为圆心，以 Oa_{YW} 为半径作弧交 OY_H 于 a_{YH}；过 a_{YH} 点作 OY_H 的垂线，与 a' 所引的垂线交于 a，即得点 A 的水平投影 a，如图 2-11b 所示。

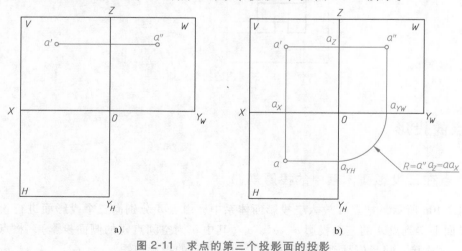

a)   b)

图 2-11　求点的第三个投影面的投影

2.3.2　两点的相对位置和重影点

1. 点的投影与直角坐标的关系

　　若把三投影面体系看成空间直角坐标系，则 V、H、W 三个投影面就是坐标面，OX、

OY、OZ 三条投影轴就是坐标轴，原点为 O，点到面的距离就等于相应的坐标值，如图 2-12 所示。

1）点 A 到 W 面的距离 $Oa_X = a'a_Z = aa_Y = Aa'' = X$ 坐标。

2）点 A 到 V 面的距离 $Oa_Y = aa_X = a''a_Z = Aa' = Y$ 坐标。

3）点 A 到 H 面的距离 $Oa_Z = a'a_X = a''a_Y = Aa = Z$ 坐标。

点 A 的空间位置可以表示为 $A(a_X, a_Y, a_Z)$，点 A 的三个投影的坐标可以分别表示为 a (X, Y)、$a'(X, Z)$、$a''(Y, Z)$。不难看出，任一点都包含了两个坐标，一个点的两面投影就包含了三个坐标。所以，已知两点的坐标，就确定了该点的空间位置（即第三点坐标可求）。

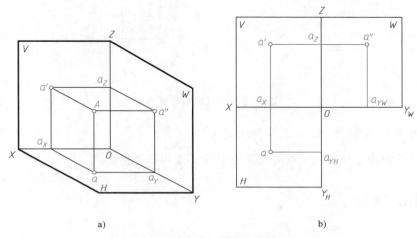

图 2-12　点的投影与坐标关系

2. 两点的相对位置

空间两点的相对位置，可由两点的坐标大小来判断。

两点的左右方位，X 坐标值大者在左。

两点的前后方位，Y 坐标值大者在前。

两点的上下方位，Z 坐标值大者在上。

由此可以判断出图 2-13a 中，A 点在 B 点的右、前、上方。

【例 2-2】　如图 2-13b 所示，已知点 A 的三面投影，另一点 B 在 A 上方 40mm，左方 33mm，前方 47mm 处，求点 B 的三面投影。

作图：

1）在 a' 左方 33mm，上方 40mm 处确定 b'。

2）作 $bb' \perp OX$，且在 a 前 47mm 处（bb' 线上）确定 b。

3）根据投影关系求解 b''。

3. 重影点

位于同一条投射线的两点，它们在与投射线垂直的投影面上的投影是重合的，称为重影点。重影点的可见性需根据这两点不重影的投影的坐标大小来判别。

当两点的 V 面投影重合时，Y 坐标大者可见。

当两点的 H 面投影重合时，Z 坐标大者可见。

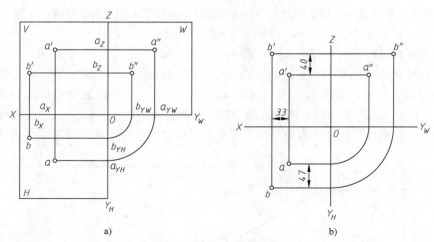

a)

b)

图 2-13　两点的相对位置

当两点的 W 面投影重合时，X 坐标大者可见。

两点在某投影面上重影时，不可见点的字母必须用括号括起来。

2.4　直线的投影

2.4.1　直线的三面投影

一般情况下，直线在形体表面上是以棱线形式存在的，是形体上几个平面相交时产生的交线，故所谓的直线就是直线段。因此，直线的投影可由它的两个端点的投影来确定。

1. 直线对一个投影面的投影

空间直线与投影面的位置关系总体上分为三种，即平行、垂直和倾斜（一般位置），在此三种情况下分别对直线进行正投影，得到的投影视图如图 2-14 所示。

根据图 2-14 可得到三点结论：

1）当投影直线平行于投影面时，投影图形显示实形（$AB = ab$）；当投影直线垂直于投影面时，投影图形积聚成一点；当投影图形既不平行也不垂直于投影面时，投影图形缩短（$ab = AB \cdot \cos\alpha$）。

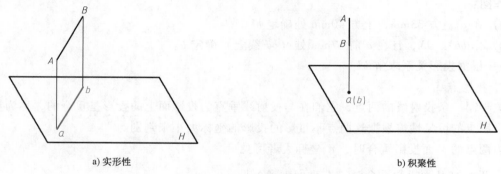

a) 实形性

b) 积聚性

图 2-14　直线的投影特性

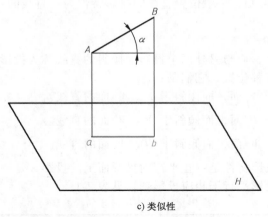

c) 类似性

图 2-14　直线的投影特性（续）

2）直线的投影仍然是直线。

3）直线的投影为该直线两端点在同面投影的连线。

2. 直线的三面投影

直线的三面投影，可由直线上两点在同一个投影面上投影的连线来确定，如图 2-15a 所示。如果已知直线两端点的坐标为 A（20，20，12），B（15，10，18），求直线 AB 的三面投影时，只需先作出 A、B 两点的三面投影，如图 2-15b 所示；然后用粗实线分别连接 A、B 两点在同一个投影面上的投影 ab、$a'b'$、$a''b''$，即为直线 AB 的三面投影，如图 2-15c 所示。

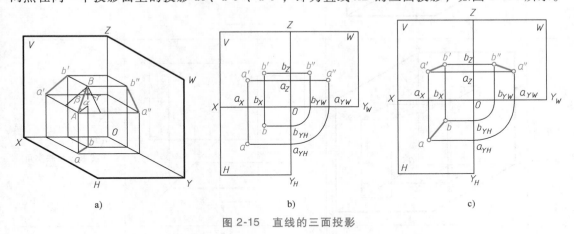

图 2-15　直线的三面投影

2.4.2　各种位置直线的投影特性

空间直线在三投影面体系中，相对于投影面的位置关系分为三种，即一般位置直线、投影面平行线和投影面垂直线，后两种统称为特殊位置直线。

1. 一般位置直线

对三个基本投影面都倾斜的直线称为一般位置直线。直线与投影之间的夹角（即直线与它在投影面上的投影所成的锐角）称为直线对该投影面的倾角，分别用 α、β、γ 表示。如图 2-15a 所示，直线 AB 的三面投影长度与倾角的关系为：$ab = AB \cdot \cos\alpha$，$a'b' = AB \cdot \cos\beta$，

$a''b''=AB \cdot \cos\gamma$。由此可知，一般位置直线的投影特性为：直线的三面投影长度均小于实长，且倾斜于投影轴。

2. 投影面平行线

平行于一个投影面，而与另外两个投影面倾斜的直线称为投影面平行线。

投影面平行线有三种位置，它们是：

正平线——平行于 V 面，而倾斜于 H、W 面的直线。

水平线——平行于 H 面，而倾斜于 V、W 面的直线。

侧平线——平行于 W 面，而倾斜于 H、V 面的直线。

投影面平行线的投影特性是：在平行的投影面上的投影，是一条反映实长且倾斜于投影轴的直线，其余两面投影平行于相应投影轴，见表 2-1。

表 2-1 投影面平行线的投影特性

名称	直观图	投影图	投影特性
正平线			1) $a'b'=AB$ 2) $ab//OX$ $a''b''//OZ$ 3) α 和 γ 反映实角
水平线			1) $ab=AB$ 2) $a'b'//OX$ $a''b''//OY_W$ 3) β 和 γ 反映实角
侧平线			1) $a''b''=AB$ 2) $a'b'//OZ$ $ab//OY_H$ 3) α 和 β 反映实角

2.4.3 直线上的点

直线上点的投影有下列规律：

1）点在直线上，那么点的三面投影也一定在直线的三面投影上。

2）直线上的点分割直线之比，其投影仍保持不变。如图 2-16 所示，点 K 在直线 AB 上，则 $AK:KB=ak:kb=a'k':k'b'=a''k'':k''b''$。

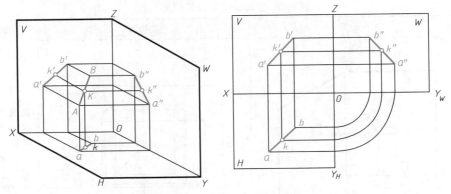

图 2-16 直线上的点的投影

2.5 平面的投影

2.5.1 平面的表示方法

不在同一直线上的三点可以确定一个平面。所以，可以衍生出图 2-17 所示的几种平面表示法。

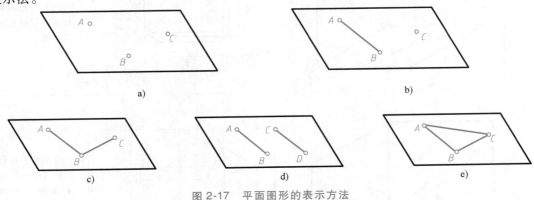

图 2-17 平面图形的表示方法

2.5.2 各种位置平面的投影

空间平面与投影面的位置关系总体分为三种，分别为垂直、平行、倾斜（一般位置）。

1. 投影面垂直面

如果空间平面垂直于一个投影面，且倾斜于其他两个投影面，这样的平面称为投影面垂直面。投影面垂直面分为三种，分别为：

正垂面——垂直于 V 面，且倾斜于 H、W 面。

侧垂面——垂直于 W 面，且倾斜于 H、V 面。

铅垂面——垂直于 H 面，且倾斜于 V、W 面。

投影面垂直面的投影特性见表 2-2。

表 2-2 投影面垂直面的投影特性

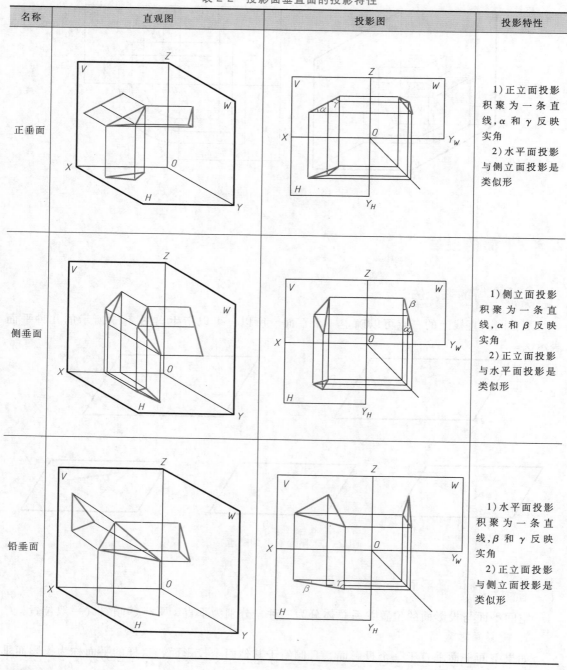

名称	直观图	投影图	投影特性
正垂面			1）正立面投影积聚为一条直线，α 和 γ 反映实角 2）水平面投影与侧立面投影是类似形
侧垂面			1）侧立面投影积聚为一条直线，α 和 β 反映实角 2）正立面投影与水平面投影是类似形
铅垂面			1）水平面投影积聚为一条直线，β 和 γ 反映实角 2）正立面投影与侧立面投影是类似形

2. 投影面平行面

如果空间平面平行于一个投影面，这样的平面称为投影面平行面。投影面平行面分为三种，分别为：

正平面——平行于 V 面的平面。

水平面——平行于 H 面的平面。

侧平面——平行于 W 面的平面。

投影面平行面的投影特性见表 2-3。

表 2-3　投影面平行面的投影特性及分析

名称	直观图	投影图	投影特性
正平面			1) 在正立投影面上的投影反映实形 2) 在水平面与侧立面上的投影积聚为一条直线，且分别与 OX 与 OZ 轴平行
水平面			1) 在水平投影面上的投影反映实形 2) 在正立面与侧立面上的投影积聚为一条直线，且分别与 OX 和 OY_W 轴平行
侧平面			1) 在侧立投影面上的投影反映实形 2) 在水平面与正立面上的投影积聚为一条直线，且分别与 OY_H 和 OZ 轴平行

2.5.3　平面内直线与点的投影

1. 平面上的直线

一条直线在一个平面上需要满足下列两个条件中的一个：

1）直线经过平面内任意两点，如图 2-18a 所示。

2）直线经过平面内的一点，且与平面内的一条直线平行，如图 2-18b 所示。

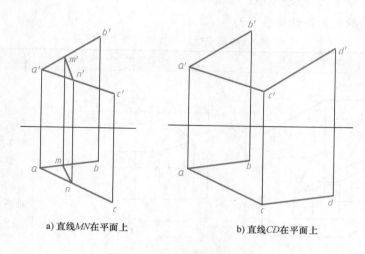

a) 直线MN在平面上　　　　　　　b) 直线CD在平面上

图 2-18　直线在平面上的投影

2. 平面上的点

如果一个点在平面内的任一直线上，那么该点一定在这个平面内，如图 2-19 所示。因此，判断一个点是否属于该平面，应先找到属于该平面的直线，再看这个点是否属于该直线，从而判断该点是否属于该平面。如图 2-20 所示，N 点不在平面 ABC 内。

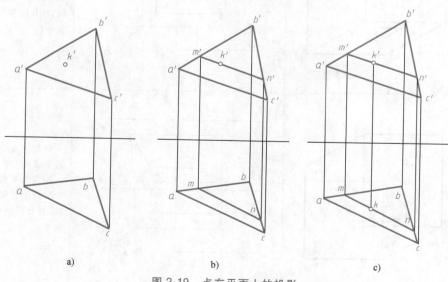

a)　　　　　　　　　　b)　　　　　　　　　　c)

图 2-19　点在平面上的投影

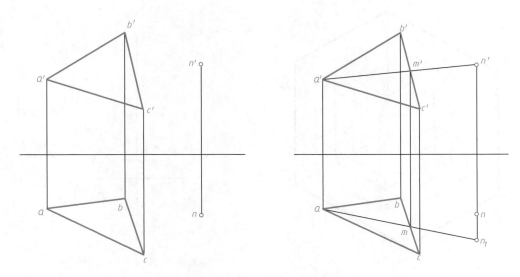

图 2-20　点不在平面上的投影

2.6　平面立体的投影

01. 基本几何
体的投影

　　通常，基本几何体分为平面体和曲面体，表面均为平面的立体称为平面立体，如棱柱、棱锥等；表面由曲面或平面与曲面组成的立体称为曲面立体，如圆柱、圆锥、球体等回转体。在三投影面体系中作基本体的正投影时，要求基本体的主要平面平行于某一个基本投影面。

2.6.1　平面立体的三视图

1. 正棱柱的三视图

　　（1）正棱柱的投影分析　正棱柱是由全等的矩形侧面和多边形上、下两表面组成。将正棱柱正立放置在投影体系中，正棱柱的上、下表面平行于水平投影面，所以上、下表面在水平投影面上的投影具有实形性，在另外两个投影面上的投影具有积聚性。正棱柱侧面垂直于水平面，所以侧面在水平面的投影具有积聚性。

　　（2）正棱柱的投影表达　以正三棱柱的三面投影为例，把正三棱柱正立放置在三投影面体系中，上、下表面平行于 H 面，一个侧面平行于 V 面，进行投影表达，如图 2-21a 所示。绘制正三棱柱三视图的步骤和方法如下：

　　① 确定三视图在图纸上的位置，先画特征和形状最明显的视图。本例中的上、下两表面平行于 H 面，在 H 面投影具有实形性，故绘制俯视图为正三角形，如图 2-21b 所示。

　　② 根据"长对正、高平齐、宽相等"三等关系完成正三棱柱的三视图，如图 2-21c 所示。

　　③ 检查没有错误后，将粗实线加粗、加深，如图 2-21d 所示。

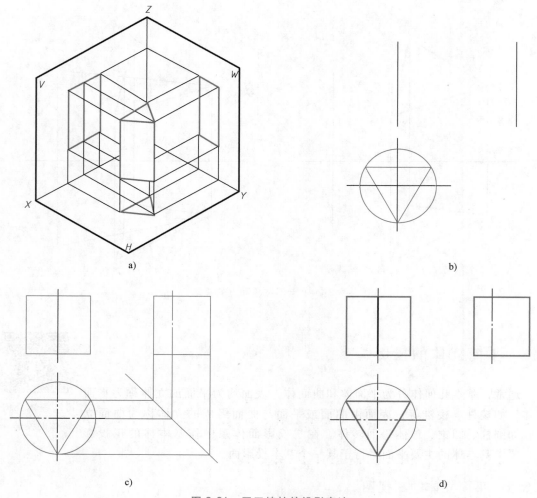

a)
b)
c)
d)

图 2-21　正三棱柱的投影表达

2. 正棱锥的三视图

（1）正棱锥的投影分析　　正棱锥的底面是正多边形，侧面是由若干等腰三角形组成。将正棱锥正立放置在三投影面体系中，底面平行于水平投影面，所以俯视图反映实形；将正棱锥的侧面尽可能放置成特殊位置面（平行面或垂直面），使侧面的投影或积聚成一直线或显示实形，其他侧面投影为类似形，使表达简单化。

（2）正棱锥的投影表达　　以图 2-22a 所示的正三棱锥为例，底面平行于 H 面，一个侧垂面垂直于 W 面，进行投影表达。绘制正三棱锥三视图的步骤和方法如下：

① 先确定三视图在图纸上的位置，绘制特征和形状最明显的视图。本例中，正三棱锥底面平行于 H 面，其俯视图具有实形性，故先绘制俯视图的正三角形，侧棱的投影与角平分线重合且交于一点，如图 2-22b 所示。

② 确定三棱锥顶点的位置及高的尺寸，根据"长对正、高平齐、宽相等"的三等关系完成正三棱锥的三视图，如图 2-22c 所示。

③ 检查没有错误后，将粗实线加粗、加深，如图 2-22d 所示。

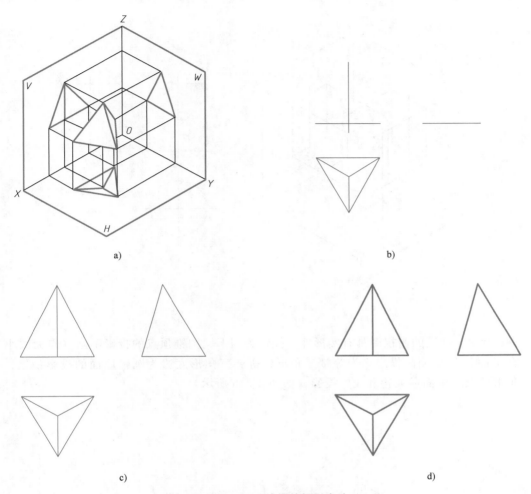

a)   b)

c)   d)

图 2-22 正三棱锥的投影表达

2.6.2 曲面立体的三视图

常见的曲面立体包括圆柱、圆锥、球体等回转体，也包括一些表面不规则的曲面体，如凸轮等。本章重点介绍具有规则表面的曲面立体的三面投影表达。

1. 圆柱体的三面投影

将圆柱放入三投影面体系中，圆柱的轴线垂直于 H 面，圆柱上、下表面平行于 H 面，俯视图具有实形性，投影为圆形，如图 2-23a 所示。圆柱在 V 面上的投影为矩形，矩形的上、下两边是圆柱上、下表面的投影积聚，左、右两边是柱面最左、最右素线（是圆柱前后方向上的可见与不可见的分界线）的投影，这两素线在 H 面的投影积聚为圆的最左和最右两点；圆柱在 W 面上的投影也为矩形，但是左视图前、后两边是柱面的最前、最后素线投影，这两条素线在 H 面投影积聚为圆的最前和最后两点，如图 2-23b 所示。

2. 圆锥体的三面投影

将圆锥体放入三投影面体系中，圆锥体的轴线垂直于 H 面，圆锥底面平行于 H 面，如

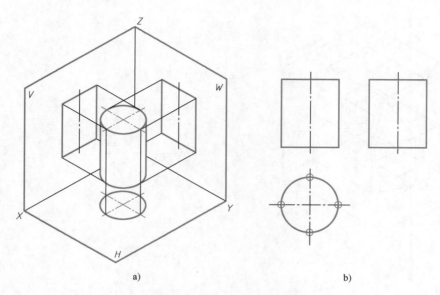

a)   b)

图 2-23　圆柱体的三面投影

图 2-24a 所示。圆锥的俯视图具有实形性，投影为圆形，圆锥顶点的投影不画（点无大小）；圆锥在 *V* 面和在 *W* 面的投影均为等腰三角形，等腰三角形底边为圆锥底面的投影积聚，等腰三角形的腰为锥面最大轮廓线的投影，如图 2-24b 所示。

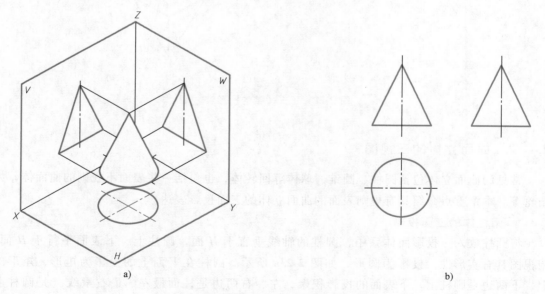

a)   b)

图 2-24　圆锥体的三面投影

3. 球体的三面投影

　　球体的三面投影视图都为圆形，是球面对投影面平行的最大轮廓线的投影，且圆形的直径与球体的直径相等，如图 2-25 所示。

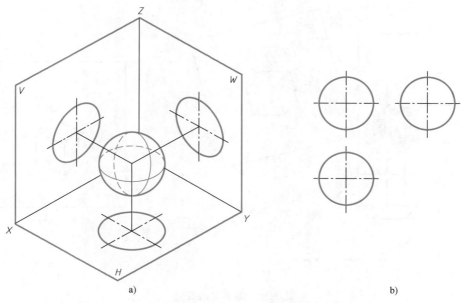

a)
b)

图 2-25　球体的三面投影

2.7　轴测图

2.7.1　轴测图的基本知识

虽然视图可以正确、完整地表达形体的形状和结构，但是视图表达立体感较差，不能直观地表达出形体的结构及形状。轴测图是用平行投影法得到的单面投影，可以同时表达出形体长、宽、高三个方向的尺寸，具有较强的立体感，所以轴测图在机械图样中常常被用作辅助图样。

1. 轴测图的形成

将物体连同其参考直角坐标系，沿不平行于任一坐标平面的方向，用平行投影法将其投射在单一投影面上所得到的图形，称为轴测图，如图 2-26a 所示。

2. 术语和定义

（1）轴测轴　空间直角坐标轴在轴测投影面上的投影，称为轴测轴，如图 2-26b 所示，OX、OY、OZ 为轴测轴。

（2）轴间角　轴测图中两轴测轴之间的夹角，称为轴间角，如图 2-26b 所示，$\angle XOY$、$\angle XOZ$、$\angle YOZ$ 为轴间角。

（3）轴向伸缩系数　轴测轴上的单位长度与相应投影轴上的单位长度比值，称为轴向伸缩系数。OX、OY、OZ 轴的轴向伸缩系数分别用 p、q、r 表示。

3. 轴测图的投影特性

1）在形体上相互平行的直线，在轴测图上仍然平行。

2）在形体上与坐标轴平行的直线，在轴测图上仍然平行于坐标轴，且直线的轴向伸缩系数与坐标轴相同。

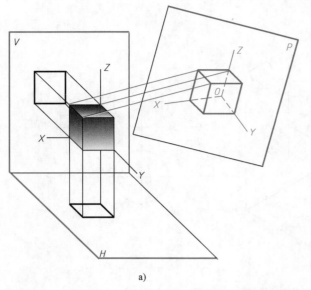

a)

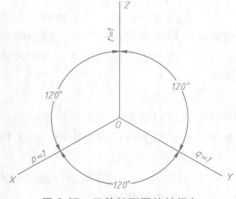

b)

图 2-26　轴测图的获得

2.7.2　正等轴测图

1. 轴间角与轴向伸缩系数

正等轴测图的三个轴间角相等，均为 120°，三个轴测轴的轴向伸缩系数为 $p_1=q_1=r_1=0.82$，为了方便绘图，通常把轴向伸缩系数设为 1，即 $p=q=r=1$，如图 2-27 所示。

2. 正等轴测图的简单画法介绍

绘制平面的正等轴测图最常用的方法是坐标法，即在正等轴测图空间直角坐标系上找到形体各个顶点的投影，然后根据连接关系绘制轮廓线投影，最后形成该平面正等轴测图投影。下面以长方形正等轴测图的绘制过程为例，介绍坐标法绘制平面正等轴测图的方法及步骤，如图 2-28 所示。

1）分析图形。该长方形位于三投影面体系中的水平投影面，即 H 面上，正方形的一个顶角与坐标系原点重合，且一条边与坐标轴 OX 重合，另一条边与坐标轴 OY 重合，如图 2-28a 所示。

图 2-27　正等轴测图的轴间角
与轴向伸缩系数

2）绘制正等轴测图。在正等轴测图空间直角坐标系上按照正方形的边长，等距离找到正方形各顶点的位置，顺次连接各顶点，如图 2-28b 所示。

3）擦除正等轴测图空间直角坐标系，完成正等轴测图的绘制，如图 2-28c 所示。

圆形在三个坐标平面上的正等轴测投影都是椭圆。如果在正方体的三个垂直且相交的面上各存在一个直径为 D 的内切圆，三个正方形平面的正等轴测投影为全等的菱形，平面上内切圆的正等轴测投影为全等的菱形内切椭圆，如图 2-29 所示。

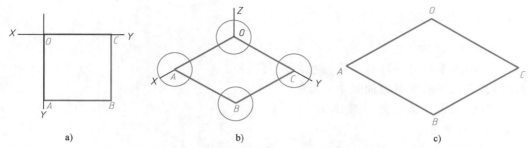

图 2-28 坐标法绘制正方形正等轴测图

通常采用"四心椭圆法"绘制圆形的正等轴测图，绘制步骤如下：

1）绘制外切菱形，边长为内切圆形直径 d，如图 2-30b 所示。

2）连接 D、M 两点，与长轴交于点 P，P 点为左侧小圆弧的圆心；连接 B、N 两点，与长轴交于一点 Q，Q 点为右侧小圆弧的圆心，如图 2-30c 所示。

3）分别以 P、Q 为圆心，以 PD 长为半径作弧；再分别以 M、N 为圆心，以 DM 长为半径作弧，使四段圆弧顺次相切，完成椭圆的绘制，如图 2-30d 所示。

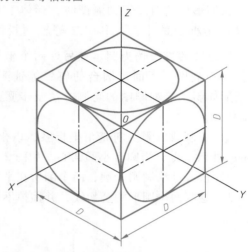

图 2-29 平行于坐标平面的圆的正等轴测投影

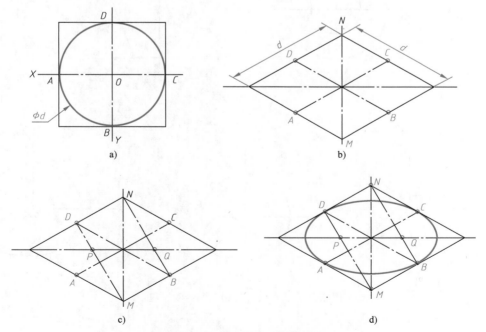

图 2-30 绘制圆形正等轴测图

2.7.3 斜二等轴测图

1. 轴间角与轴向伸缩系数

斜二等轴测图是另一种采用平行投影法获得的单面投影，斜二等轴测图的轴间角 $\angle XOY = \angle YOZ = 135°$、$\angle XOZ = 90°$，轴向伸缩系数 $p_1 = r_1 = 1$，$q_1 = 0.5$，如图 2-31 所示。

2. 斜二等轴测图绘制实例

绘制形体的斜二等轴测图时，形体上凡平行于 XOZ 坐标面的平面，其斜二等轴测投影反映实形，所以圆的投影仍为圆，在另外两个坐标平面上的投影为椭圆。下面以圆台的斜二等轴测图为例，介绍形体斜二等轴测图的绘制方法及步骤，如图 2-32a 所示。

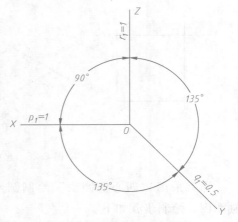

图 2-31　斜二等轴测图的轴间
角及轴向伸缩系数

1）绘制斜二测空间直角坐标系，以坐标系原点为圆台大圆圆心；在 Y 轴上距离原点 26mm 处取一点，为圆台小圆圆心，如图 2-32b 所示。

2）按尺寸绘制两个圆，两个圆所在平面与 XOZ 平面平行，如图 2-32c 所示。

3）绘制两个圆形的公切线，并擦掉不可见的轮廓线，如图 2-32d 所示。

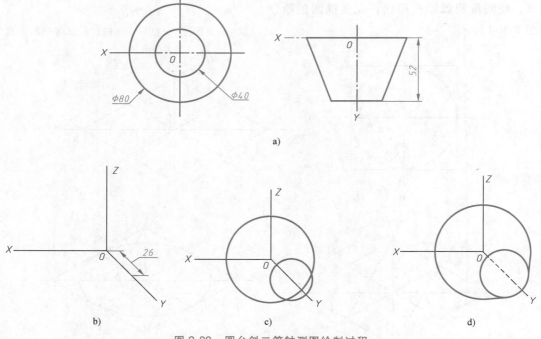

图 2-32　圆台斜二等轴测图绘制过程

第3章

组 合 体

教学提示：

1）熟悉组合体的组合形式和表面连接关系，理解形体分析法和线面分析法的意义。

2）熟练掌握截交线与相贯线的基本类型。

3）基本掌握读组合体视图的方法。

4）掌握组合体视图尺寸标注的基本方法，力争达到完整、正确、清晰。

3.1 组合体的组合形式

结构复杂的形体可以看作由简单的基本形体组合而成，这种由两个或两个以上基本几何体组合而成的整体称为组合体。

02. 组合体的组合形式、截交线、相贯线

3.1.1 组合体的构成

大多数情况下，组合体的组合方式是叠加与切割的综合形式，如图 3-1a 所示。组合体由一个带有同轴通孔的圆柱体（切割）、一个长方体、两个梯形肋板组合（叠加）而成，如图 3-1b 所示，组合方式既包括叠加又包括切割。

3.1.2 组成组合体的基本体之间表面连接关系及画法

基本体在叠加之后，形体表面的连接关系大致分为三种，分别为共面、相切和相交。

（1）共面 相互接触的两个形体表面形成一个平面称为共面，两个平面共面时，连接处不存在轮廓线。所以，绘制投影视图时，在此处不画轮廓线，如图 3-2 所示。

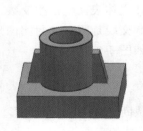

a)

b)

图 3-1 座体

当相互接触的形体表面不共面时，会在分界处产生交线，绘制投影视图时，在此处画轮廓线，如图 3-3 所示。

（2）相切 平面与曲面、曲面与曲面之间光滑的过渡连接称为相切，相切表面连接处

43

不存在轮廓线。所以，绘制投影视图时，在此处不能绘制轮廓线，如图3-4所示。

（3）相交　两形体表面相交，会在相交处产生交线，交线为形体的轮廓线。所以，在绘制形体的投影视图时，一定要绘制交线的投影，如图3-5所示。

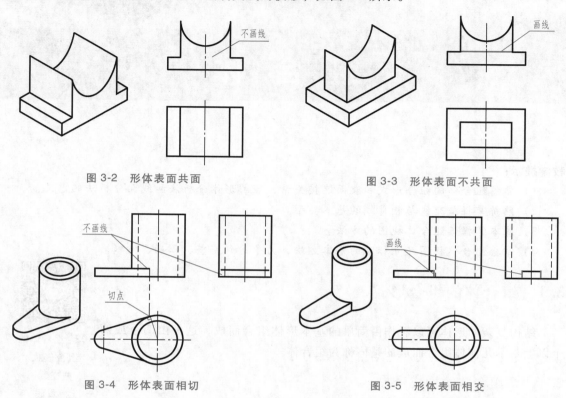

图3-2　形体表面共面　　　　　　　图3-3　形体表面不共面

图3-4　形体表面相切　　　　　　　图3-5　形体表面相交

3.2　截交线

平面与立体相交，一定会在立体表面上产生交线，截平面与立体表面的交线称为截交线，截交线是闭合的封闭图形，截交线围成的平面图形称为截断面，如图3-6所示。

3.2.1　平面截切平面立体

平面截切平面立体时，其截断面为一平面多边形。

【例3-1】　求作开槽正三棱柱的三面投影。

分析：

将在上顶面开槽的正三棱柱进行三面投影表达，如图3-7a所示。开槽的俯视图为正三角形。

图3-6　三棱柱被截切后的截交线与截断面

作图：

1）确定三视图在图纸中的位置，先绘制完整的三棱柱的三面投影，再绘制开槽在俯视图上的投影，如图3-7b所示。

2）根据三等关系绘制开槽在主视图和左视图上的投影，并注意轮廓线的可见性，如图 3-7c 所示。

3）检查无误后加深图线，如图 3-7d 所示。

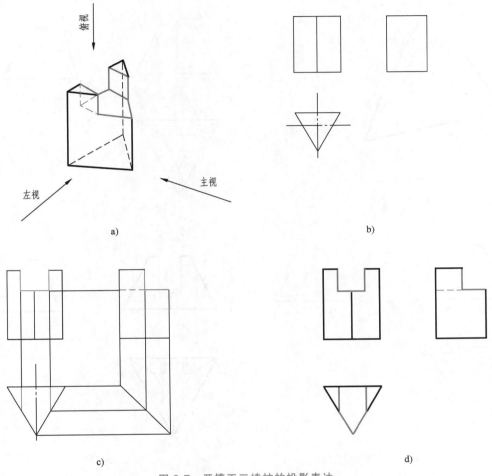

图 3-7 开槽正三棱柱的投影表达

【例 3-2】 求作开槽正三棱锥的三面投影。

分析：

将切掉锥顶角的正三棱锥开槽后进行三面投影表达，如图 3-8a 所示。开槽的位置在上顶面，槽的俯视图是在以槽底为截平面的正三角形上。

作图：

1）绘制正三棱锥基本体的三视图。确定截断面在正三棱锥上的位置后，先绘制截切掉顶角的三棱锥的主视图，将截断面与棱线的交点投影到俯视图上，绘制截断面的俯视图，如图 3-8b 所示。

2）确定开槽底面在正三棱锥上的位置。在主视图上绘制开槽的投影图形；在俯视图上确定开槽底面所在的平面，将主视图槽底面各顶点投影到俯视图上，绘制槽的俯视图投影；根据三等关系，在左视图上绘制槽的投影，如图 3-8c 所示。

3）将辅助线擦除，检查无误后加深，如图 3-8d 所示。

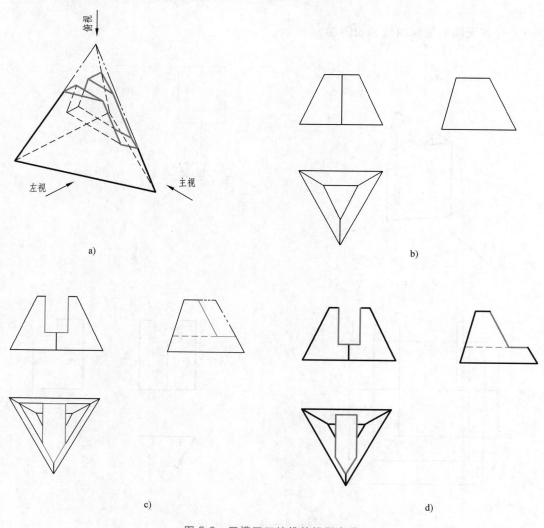

图 3-8　开槽正三棱锥的投影表达

3.2.2　平面截切曲面立体

平面截切曲面立体时，截交线形状取决于曲面立体形状，以及截平面与曲面立体的相对位置。

1. 平面截切圆柱体

平面截切圆柱体有三种情况，见表 3-1。

【例 3-3】　求作开槽圆柱体的三面投影。

分析：

将上顶面开槽圆柱体正立放置于三投影面体系中进行投影，如图 3-9a 所示，槽的俯视图为轴对称图形。

表 3-1　平面截切圆柱体

截面位置	与轴线相垂直	与轴线相平行	与轴线相倾斜
截交线形状	圆	矩形	椭圆
轴测图			
投影图			

作图：

1）确定三视图在图纸中的位置后，首先绘制完整圆柱体的三面投影，确定槽底面在圆柱体上的位置，在主视图上绘制完整开槽的投影，将槽底顶点投影到俯视图上，绘制槽底的投影，如图 3-9b 所示。

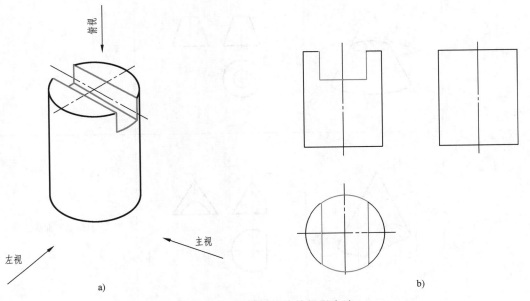

图 3-9　开槽圆柱体的投影表达

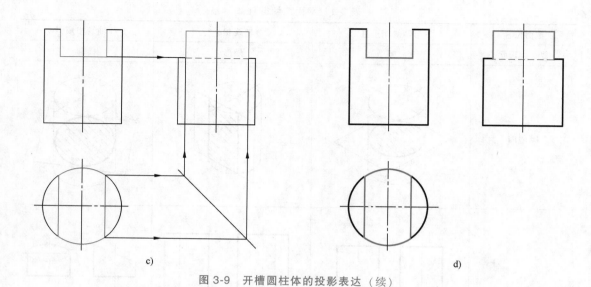

c)   d)

图 3-9 开槽圆柱体的投影表达（续）

2）根据三等关系，完成开槽在左视图上的投影。注意：槽底轮廓不可见，投影的线为细虚线，如图 3-9c 所示。

3）检查无误后加深图线，如图 3-9d 所示。

2. 平面截切圆锥体

平面截切圆锥体有五种情况，见表 3-2。

表 3-2 平面截切圆锥体

截平面位置	轴测图	三视图	截交线形状
与轴线垂直			圆
与轴线平行			封闭的双曲线

（续）

截平面位置	轴测图	三视图	截交线形状
过锥顶	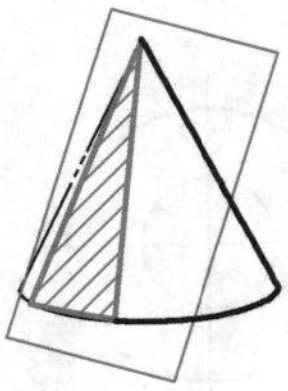	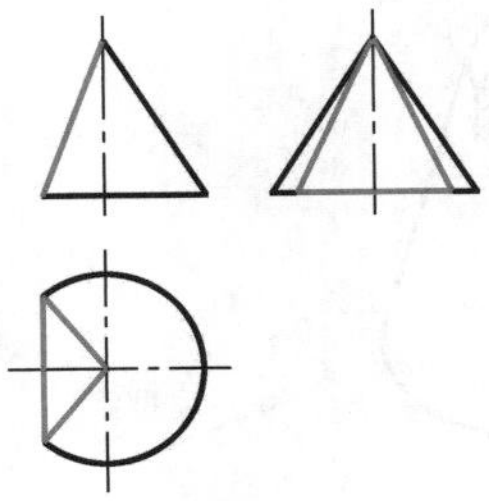	等腰三角形
与任一条素线平行	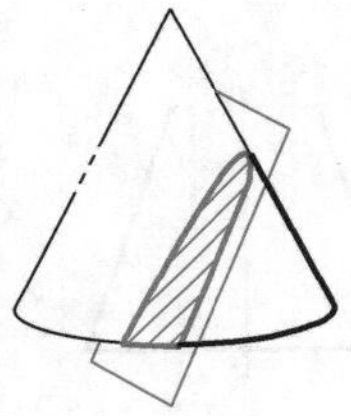	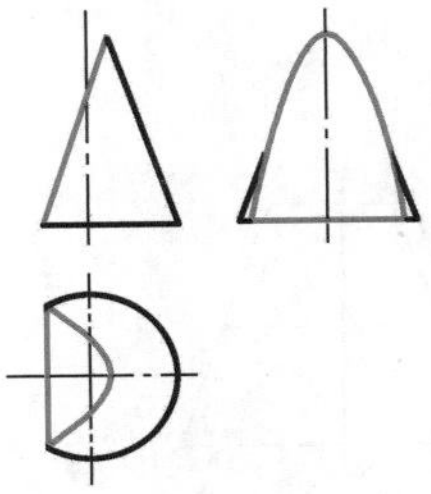	封闭的抛物线
与轴线倾斜且与所有素线相交	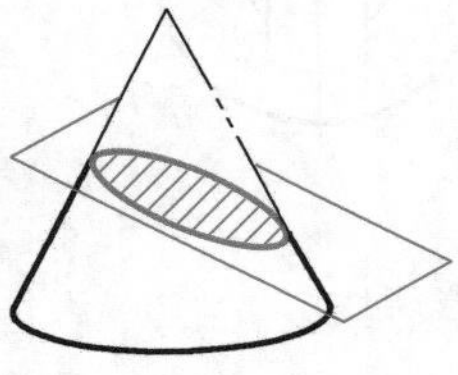	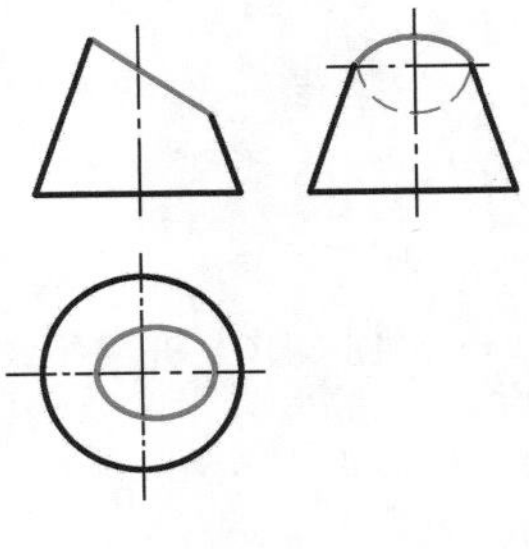	椭圆

【例3-4】 求作开槽圆锥体的三面投影。

分析：

将切掉锥顶角、上顶面开槽的圆锥体放置于三投影面体系中进行投影表达，如图 3-10a 所示，槽的俯视图为轴对称图形。

作图：

1）绘制完整圆锥基本体的三面投影视图。确定顶角截断面在圆锥体上的位置，绘制截断面的主视图和俯视图。主视图投影为等腰梯形，俯视图投影为两同心圆，如图 3-10b 所示。

2）确定开槽底面所在的位置。在主视图上绘制开槽的投影视图；在俯视图上确定开槽底面所在的圆形面，将槽底面各顶点投影到圆形面上，绘制槽的俯视图投影；根据三等关系，在左视图上绘制槽的投影，如图 3-10c 所示。

3）擦除辅助线，检查无误后加深图线，如图 3-10d 所示。

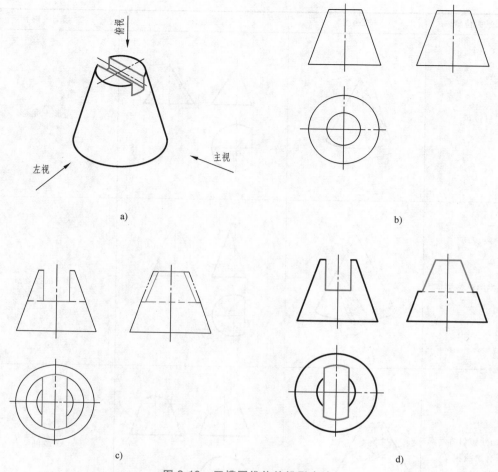

a)

b)

c)

d)

图 3-10 开槽圆锥体的投影表达

3.3 相贯线

两个曲面立体相交，在其表面产生的交线称为相贯线，相贯线是两个曲面立体表面共有的线，是闭合的空间曲线或折线。由于两相交立体尺寸、形状的不同，产生的相贯线形状十分复杂。因此，本节主要介绍两圆柱正交时表面的相贯线。

3.3.1 圆柱与圆柱正交

1. 两圆柱正交时相贯线的画法

两圆柱表面正交的相贯分三种情况，见表 3-3。

两个直径不相等的圆柱正交，如图 3-11a 所示，直径较大的圆柱在俯视图上的投影具有积聚性，显示为圆形；半径较小的圆柱左视图投影具有积聚性，显示为圆形，相贯线俯视图投影为整圆的一段圆弧，左视图投影与圆重合。可以根据相贯线俯视图与左视图投影完成其主视图的投影，作图步骤如下：

表 3-3　圆柱与圆柱表面的相贯

外圆柱与外圆柱面相贯	外圆柱与内圆柱面相贯	内圆柱与内圆柱面相贯

1）绘制两个正交圆柱体的三面投影。在俯视图和左视图上找到相贯线的投影，如图 3-11b 所示。

2）绘制特殊点的投影。由于小圆柱与大圆柱正交，故小圆柱面上对 V 面和 H 面的四条转向轮廓线与大圆柱面上的四条素线垂直相交产生的垂足即为四个特殊点，可在俯视图和左视图上分别找到四个点的投影，再根据长对正、高平齐的规律完成主视图的投影，如图 3-11b 所示。

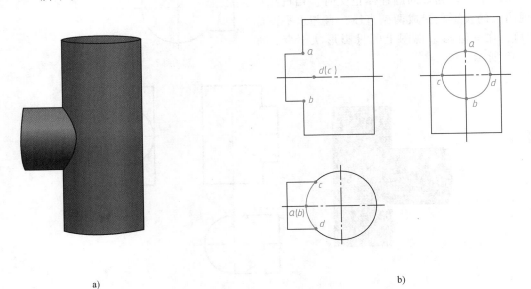

a)

b)

图 3-11　圆柱正交相贯线绘制步骤

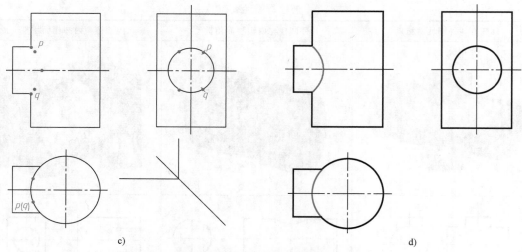

c)   d)

图 3-11　圆柱正交相贯线绘制步骤（续）

3）绘制一般点的投影。先在相贯线俯视图投影上任取两点（p 点和 q 点），根据宽相等的规律完成 p 点和 q 点在左视图上的投影，最后根据长对正、高平齐的规律完成 p 点和 q 点在主视图上的投影，如图 3-11c 所示。

4）用圆弧依次光滑连接各点，检查没有错误后，将图线加深、加粗，如图 3-11d 所示。

为了方便作图，可以大圆柱底面半径作圆弧代替非圆曲线作为相贯线的投影，圆心在小圆柱的轴线上，如图 3-12 所示。

当两个直径相等的圆柱体正交时，相贯线在主视图上的投影积聚成两条直线，且与水平面成 45°角，在其他两个视图上的投影形状不变，如图 3-13 所示。

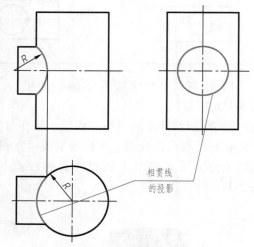

相贯线
的投影

图 3-12　相贯线的简化作法

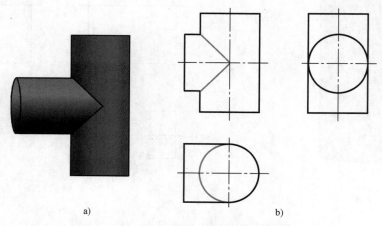

a)   b)

图 3-13　直径相等的圆柱体正交相贯线投影

2. 内相贯线的画法

外圆柱与内圆柱相贯、内圆柱与内圆柱相贯的相贯线投影作法与两个外圆柱相贯的画法相同，如图 3-14 和图 3-15 所示。

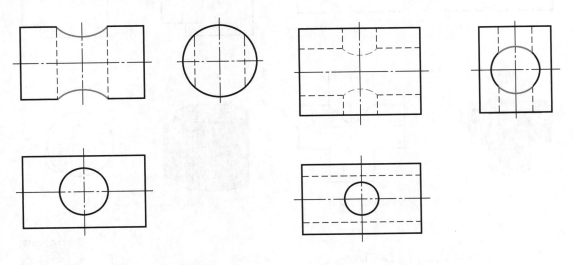

图 3-14　外圆柱与内圆柱相贯　　　　　　　　图 3-15　内圆柱与内圆柱相贯

3.3.2　相贯线的特殊情况

在特殊的情况下，两个回转体相交，产生的相贯线是平面曲线或者直线。

1. 相贯线为平面曲线

1）当两个同轴回转体相交时，产生的相贯线为垂直于轴线的圆，如图 3-16 所示。

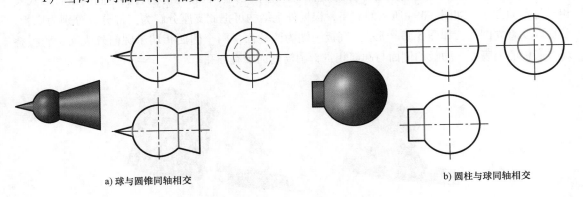

a) 球与圆锥同轴相交　　　　　　　　　　　　b) 圆柱与球同轴相交

图 3-16　同轴相交回转体相贯线

2）当两个等直径圆柱正交时，相贯线是平面曲线，即两个相交的椭圆，如图 3-17 所示。

2. 相贯线为直线

当两圆柱相交，且轴线平行时，产生的相贯线是直线，如图 3-18 所示。

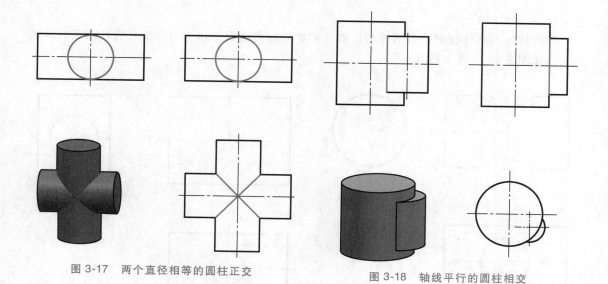

图 3-17 两个直径相等的圆柱正交　　　　　图 3-18 轴线平行的圆柱相交

3.4　组合体三视图的画法

绘制组合体三视图时，首先应对组合体进行形体分析，将组合体分解为若干基本体，并判断各基本体的形状、相对位置、组合形式、表面连接方式等，以确定选择主视图的投影方向和画图步骤。

03. 组合体三视图的画法

3.4.1　形体分析

所谓形体分析法，就是将组合体分解成若干个基本几何体，并弄清楚它们之间的组合形式及相对位置的方法。如图 3-19a 所示的支座，根据外观结构可把此支座分解为三部分，分别为底板、肋板以及直立圆筒，如图 3-19b 所示。底板一端为圆柱面，两个侧面相切于圆筒外表面；肋板叠加在底板的上表面，肋板的侧面与圆筒相贯，圆筒前面带有圆孔。

a)　　　　　　　　　　　　　　　　b)

图 3-19　支座

3.4.2　视图的选择

1. 主视图的选择

主视图是图样表达中的核心视图，是表达形体形状特征最明显的视图，主视图的选择需满足如下条件：

1）可以较多地表达组合体形体特征和各部分相对位置关系，并使其他视图中的细虚线较少。

2）主要的平面与基本投影面平行，使放置方位符合自然安放位置。

将支座按两种不同的方位摆放，得到两组不同的投影视图。图 3-20a 所示视图显然要优于图 3-20b 所示视图，图 3-20a 所示视图中的主视图更能清晰地表达出支座的形状特征及基本形体的相对位置关系，而且其他视图中的虚线数量更少。

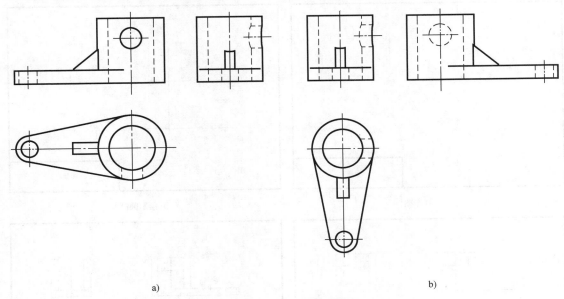

a) b)

图 3-20　主视图的选择

2. 视图数量的确定

在保证组合体能够清晰、完整表达的前提下，视图数量越少越好。主视图投影方向确定之后，俯、左视图也就随之确定了。底板需要水平面投影表达其形状和孔中心的位置；肋板则需要侧面投影表达形状。因此，三个视图都是必不可少的。

3.4.3　画图的方法和步骤

1. 定比例、选图幅

根据形体的复杂程度和尺寸大小来确定绘图的比例及图幅。选择图幅时，要考虑到绘制标题栏和尺寸标注。因此，图幅尺寸大小要足够。

2. 布置视图

布置视图时，要将所有视图均匀、整齐地布置在图幅上，同时还要为标注尺寸留出空间，如图 3-21a。

3. 绘制底稿

绘制底稿要求正确且迅速，有以下几点需要注意：

1）先绘制组合体主要部分的三视图，如图 3-21b、c 所示，后绘制次要部分的三视图；先画可见的部分，后画不可见的部分；先画主要的圆、圆弧、多边形，后画直线，如

图 3-21d、e 所示；切记符合从左至右、从上到下的绘图顺序。

2）每一部分的三视图要同时绘制，绘制完成后，再绘制其他部分的三视图，这样可以避免多画线或者漏线。不可以先绘制一个视图，再绘制另一个视图。

4. 检查并加深

绘制完底稿后，应对三视图进行认真检查，检查"三等关系"是否正确，分析相邻表面之间的连接关系是否判断有误，保证不多线也不漏线，检查相贯线是否绘制正确等，确保全图无误后，把图线描深，如图 3-21f 所示。

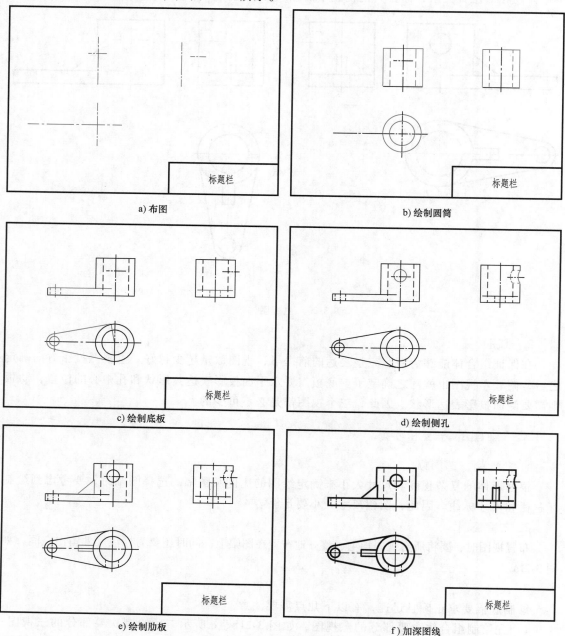

a) 布图 b) 绘制圆筒

c) 绘制底板 d) 绘制侧孔

e) 绘制肋板 f) 加深图线

图 3-21 支座的绘制步骤

3.5　组合体的读图方法

04. 组合体的
读图方法

　　画图和读图是两个相逆的过程，画图是应用投影法的基本原理，将立体形体画成由图线组成的一组平面图形；读图是画图的逆过程，即根据一组平面图形，运用投影规律，想象出物体的立体形状。

3.5.1　组合体读图的基本要领

1. 将几个视图联系起来看

　　多数情况下，一个视图不能准确地表达出形体的形状结构。外观形状复杂的组合体，有时两个视图也不能将其准确地表达，如图 3-22 所示。因此，读图时不可以只看一两个视图，要将所有视图联系起来读图，根据投影规律，想象出组合体的空间形状。

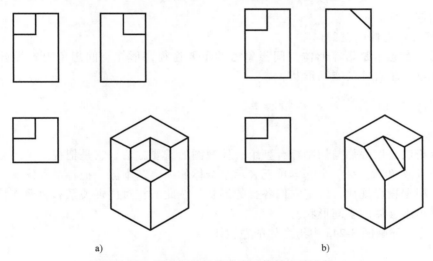

a)　　　　　　　　　　　　b)

图 3-22　两个视图不能确定形体的空间形状

2. 分析反映形体特征的视图

　　形体特征指的是机体形状特征和各基本体的相对位置关系特征。如图 3-22 所示，反映形体形状特征最为明显的视图为左视图；如图 3-23 所示，左视图是区别两个形体位置关系非常明显的视图，从图 3-23a 中的左视图中可以看出：1 基本形体为圆柱孔，2 基本形体为长方体；从图 3-23b 中的左视图中可以看出：1 基本形体为圆柱，2 基本形体为长方孔。

　　因此，首先分析反映形体特征的视图，再结合三视图的投影规律，可以准确、快速地分析出形体的立体形状。

3. 分析视图中图线和线框的含义

　　回转体的素线投影为直线，两个面的交线投影为直线或曲线，与投影面垂直的平面（曲面）的投影积聚为直线（曲线）。

　　线框的含义：一个封闭线框，表示形体的一个平面或曲面；相邻的两个封闭线框，表示相交的平面，或表示形体上不同位置的两个面；在一个大的封闭线框内所包含的所有小线框，通常表示小线框所对应的是凸起表面、凹陷表面或通孔，图 3-23a 中 1、2 所示的线框

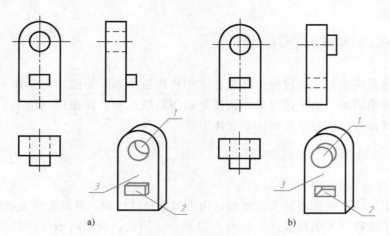

图 3-23　相对位置关系特征视图

为通孔和凸起表面。

4. 善于想象立体的空间形状

多读图、勤思考是培养形体空间想象力的重要途径，形体空间想象力的提升有助于迅速、正确地读出组合体的空间形状。

3.5.2　组合体读图的方法和步骤

1. 形体分析法

形体分析法是读叠加与切割综合型组合体视图的重要方法，它是把视图中的封闭形线框划分为若干基本单元，每一个基本单元表示组合体的一个基本体，把各基本体逐一从视图中分离出来，根据投影规律，确定它们各自的形状、彼此的相对位置关系和表面连接方式，综合起来想象出组合体的空间形状。

【例 3-5】　补画图 3-24a 中组合体的左视图。

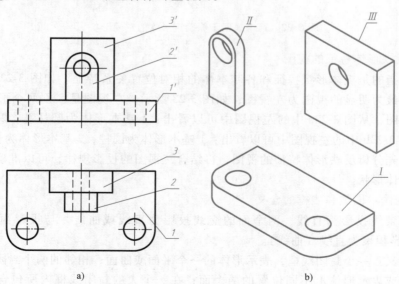

图 3-24　由线框构思基本体

分析：

　　根据投影规律将视图中的线框分解为三个基本单元，线框对应关系如图 3-24a 所示。以特征线框为突破口构思各组成部分的形状。线框 1′对应 1，构思出底板 I 的形状；线框 2′对应 2，构思出 U 形板 II 的形状；线框 3′对应 3，构思出立板 III 的形状，如图 3-24a 所示。由主视图与俯视图分析此组合体的三个基本体，是叠加的组合关系，其位置关系为左右对称，形体 II、III 在 I 的上面，形体 II 在形体 III 的前面，如图 3-25a 所示。补画完成的组合体左视图如图 3-25b 所示。

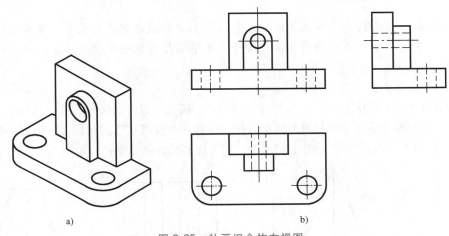

图 3-25　补画组合体左视图

2. 线面分析法

　　线面分析法用来分析视图中的封闭线框和图线的对应关系，进而分析组合体中的面的位置和形状。视图中的相邻线框，通常看作不同位置的面。

　　分析形状复杂的组合体投影视图时，往往要综合应用形体分析法和线面分析法；分析切割型组合体的投影视图时，主要用线面分析法。如图 3-26 所示，I 面为侧垂面，左视图的

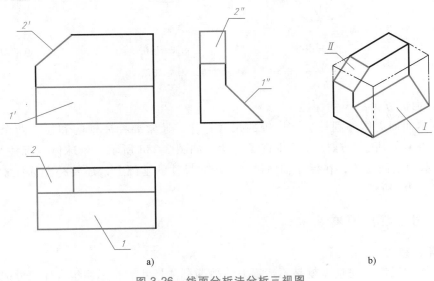

图 3-26　线面分析法分析三视图

投影积聚为直线，在主视图和俯视图的投影为类似形；Ⅱ面为正垂面，主视图的投影积聚为直线，在左视图和俯视图的投影为类似形。因此，应用线面分析法分析对应的线和线框，不难构思出形体的空间形状。

3.6 组合体的尺寸标注

微课 2. 组合体的尺寸标注

3.6.1 基本几何体的尺寸标注

任何组合体都是由若干基本几何体通过叠加、切割等组合方式构成的。基本几何体通常分为两类，分别为平面立体和曲面立体。棱柱、棱锥等是常见的平面立体，圆柱、圆锥等是常见的曲面立体。

1. 基本平面立体的尺寸标注

标注基本平面立体的尺寸时，一般要标注长、宽、高三个方向的尺寸，对于具有上、下表面的平面立体，在标注上、下表面尺寸时，最好把尺寸标注在反映实形的视图上，例如：标注正六边形等正多边形的尺寸时，不标注边长的尺寸，而标注其外接圆的直径，如图 3-27 所示。

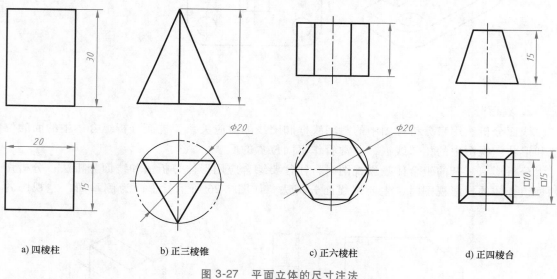

a) 四棱柱　　　　b) 正三棱锥　　　　c) 正六棱柱　　　　d) 正四棱台

图 3-27　平面立体的尺寸注法

2. 基本曲面立体的尺寸标注

对于基本曲面立体如圆柱、圆锥等的尺寸标注，通常要标注轴向和径向两个方向的尺寸，如图 3-28a～c 所示。球体只标注直径尺寸，如图 3-28d 所示。半球体只标注半径尺寸。图 3-28e 所示为曲面立体，在标注轴向尺寸和径向尺寸的基础上，还要补充标注素线的定形尺寸，如图 3-28f 所示。

3.6.2 尺寸标注的基本要求

1. 正确、完整

将尺寸标注正确、完整，就是不能重复、遗漏标注尺寸。在标注组合体尺寸时，通常的

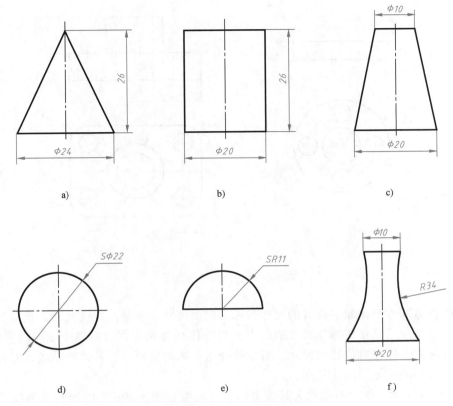

图 3-28　基本曲面立体的尺寸注法

标注顺序是：先标注定形尺寸，再标注定位尺寸，最后标注总体尺寸。

确定基本几何体形状和大小的尺寸，称为定形尺寸。如图 3-29 所示，底板的厚度 15、长度 120、宽度 40、圆的直径 $\phi50$、$\phi20$、$\phi30$、$4\times\phi10$、圆角的半径 $R10$ 等都属于定形尺寸。

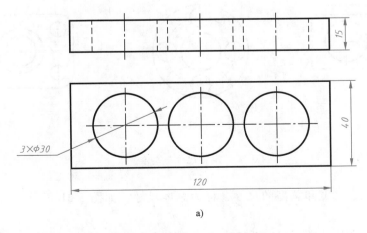

a)

图 3-29　定形尺寸

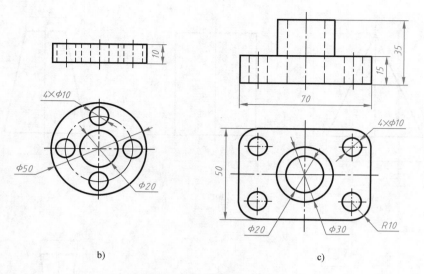

b)

c)

图 3-29　定形尺寸（续）

　　确定组合体基本形体相对位置的尺寸，称为定位尺寸。在标注定位尺寸之前，要选好尺寸基准，尺寸基准是测量或标注尺寸的起点，组合体具有长、宽、高三个方向的尺寸基准，为方便测量基本形体相对位置的尺寸，通常选择组合体的底面、回转体的轴线、对称形体的对称面、较大的端面等为尺寸基准。

　　如图 3-30a 所示，图中右端面为长度方向尺寸基准；图 3-30b 中的回转体轴线为长度方向尺寸基准；图 3-30c 中的两个对称中心线分别为长度和宽度方向尺寸基准。

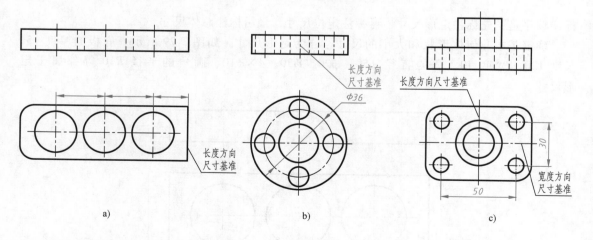

a)　　　　　　　　　　　b)　　　　　　　　　　　c)

图 3-30　定位尺寸与基准

　　确定组合体总长、总宽和总高的尺寸，称为总体尺寸，如图 3-31 所示。总体尺寸有时会与定形尺寸重合。

　　回转体外形的组合体通常不标注总体尺寸，总体尺寸用半径尺寸或直径尺寸与轴线位置尺寸相加算出，如图 3-32 所示。

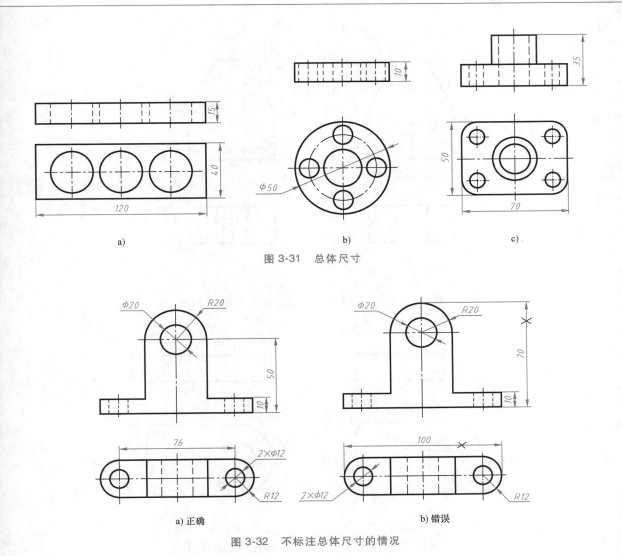

图 3-31 总体尺寸

图 3-32 不标注总体尺寸的情况

2. 清晰

尺寸标注不仅要正确、完整，还要求清晰，方便看图和读尺寸，具体要求如下：

1）定形尺寸要标注在反映形体特征最为明显的视图上，定位尺寸要标注在反映位置特征最明显的视图上，把多边形的尺寸标注在主视图上要优于分开标注，如图 3-33 所示。定形尺寸 R20 标注在俯视图上要优于标注在主视图上，定位尺寸 50 标注在俯视图上要优于标注在主视图上，如图 3-34 所示。

2）要求小尺寸在里、大尺寸在外，并且最好将尺寸标注在视图外，尺寸界线之间距离相等（大于 7mm）。如图 3-35 所示，小尺寸 40 和 19 应分别标注在大尺寸 60 的里面，这样可以避免尺寸界线交叉，尺寸 27 应该标注在视图外面，并与尺寸 14 对齐。

3）有关联的尺寸集中标注。如图 3-36 所示，将支座上的圆柱的高度尺寸 30、圆柱直径尺寸 φ30，前侧挖切的小圆孔直径 φ10 以及小孔的中心高度 20，还有底板高度 6 与楔形肋板定形尺寸 10、26 等都集中标注在主视图上。

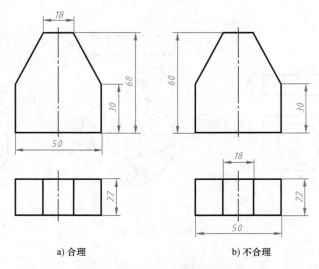

a) 合理   b) 不合理

图 3-33 定形尺寸标注在形体特征最为明显的视图

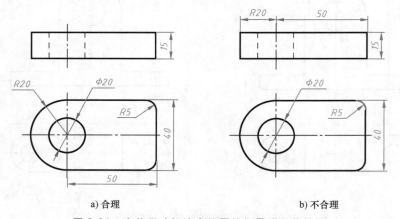

a) 合理   b) 不合理

图 3-34 定位尺寸标注在位置特征最明显的视图

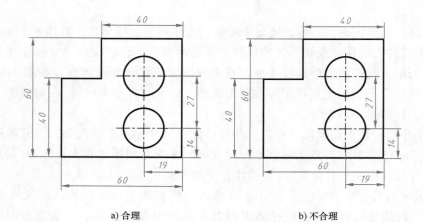

a) 合理   b) 不合理

图 3-35 小尺寸在里、大尺寸在外

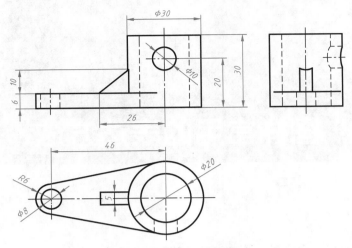

图 3-36 相关联尺寸集中标注

4）尺寸尽量不标注在虚线上。如图 3-36 所示，将 $\phi 8$ 孔的中心距和竖直圆柱内孔 $\phi 20$ 等标注在俯视图上。注意：相贯线不标注尺寸。

3.6.3 常见结构的尺寸标注

常见结构的尺寸注法如图 3-37 所示。

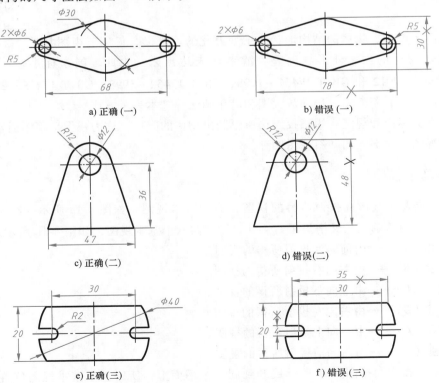

图 3-37 常见结构的尺寸注法

第4章

图样常用的表达方法

教学提示：

1）熟悉基本视图、向视图、局部视图、斜视图的画法、标记及应用。

2）掌握全剖视图（包括单一剖切平面、几个互相平行的剖切平面、相交剖切平面）、半剖视图、局部剖视图的画法、标记及应用场合。

3）掌握断面图的表达方法、标记及应用。

4）能够运用局部放大及其他表达方法。

4.1 视图

在实际生产中，物体的结构形状是千变万化的。所以，仅用三视图常常难以将复杂物体的内、外形状完整、清晰地表达出来。为此，国家标准（GB/T 13361—2012 和 GB/T 17451—1998、GB/T 17452—1998、GB/T 17453—2005）规定了视图、剖视图、断面图、局部放大图和简化画法等基本表示方法。

微课 3. 视图

根据有关标准和规定，用正投影法所绘制出物体的图形，称为视图。视图通常分为基本视图、向视图、局部视图和斜视图四种。

4.1.1 基本视图

将物体向基本投影面投射所得的视图，称为基本视图。如图 4-1a 所示，在主、左、俯三个基本视图的基础上，又增添了右、仰、后，共六个基本视图，如图 4-1b 所示。

主视图（*A*）——由前向后投射所得的视图。

左视图（*B*）——由左向右投射所得的视图。

俯视图（*C*）——由上向下投射所得的视图。

右视图（*D*）——由右向左投射所得的视图。

仰视图（*E*）——由下向上投射所得的视图。

后视图（*F*）——由后向前投射所得的视图。

六个基本投影面按图 4-2a 所示展开到同一个平面上，所得六个基本视图位置按图 4-2b 所示的位置关系配置，不用标注视图名称及投射方向。

如图 4-2b 所示，六个基本视图的对应关系仍符合"长对正、高平齐、宽相等"的投影

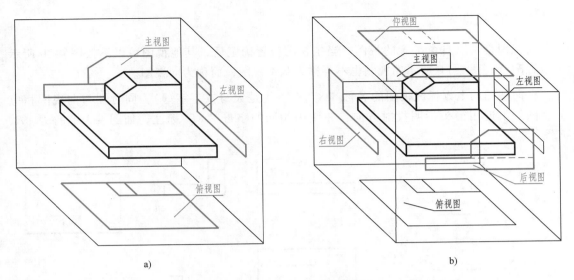

图 4-1　基本投影面及基本视图

规律。并且，除后视图外，靠近主视图的是物体的后面，远离主视图的是物体的前面。

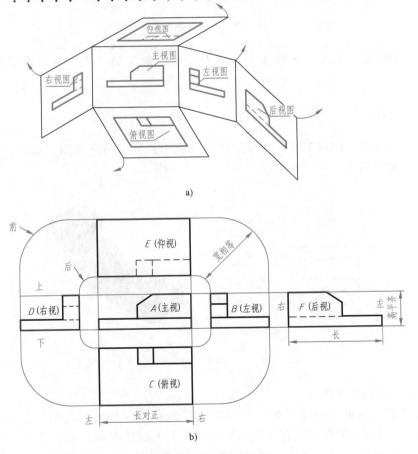

图 4-2　六个基本视图

4.1.2　向视图

向视图是可以自由配置的视图。当主视图位置确定后，其他视图可以不按图 4-2b 所示的位置配置，图 4-3 b 所示的视图也不再称为基本视图，而称为向视图。

在向视图的上方标注视图的名称"×"（"×"是大写拉丁字母），同时在与向视图相应的视图的附近用箭头指明投射方向，并使用相同的字母"×"标注，如图 4-3 中的 D、E、F 图。

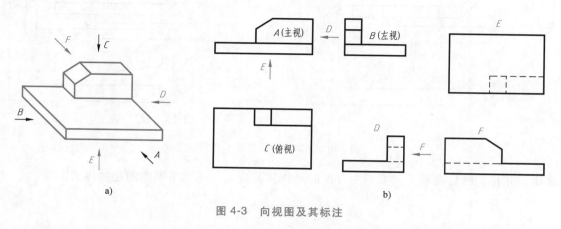

a)　　　　　　　　　　　　　　　　　b)

图 4-3　向视图及其标注

> 提示：向视图与基本视图的主要区别在于视图配置的形式不同，向视图可以自由配置。

4.1.3　局部视图

将物体的某一部分向基本投影面投射所得的视图，称为局部视图，如图 4-4a 中的俯视图所示，其轴测图如图 4-4b 所示。

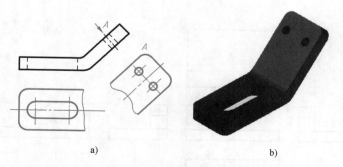

a)　　　　　　　　　　　　　　b)

图 4-4　局部视图的画法

画局部视图的注意事项：

1）局部视图可按基本视图的配置形式配置，如图 4-4a 中的俯视图、图 4-5a 中的左视图所示；也可按向视图的形式配置，即在局部视图上方标注视图的名称"×"（大写拉丁字母），如图 4-5a 中的"A"向视图，其轴测图如图 4-5b 所示。

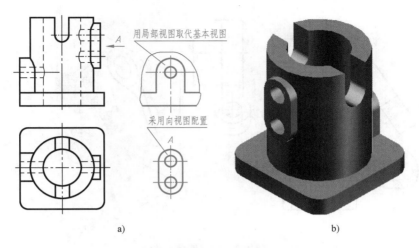

a)   b)

图 4-5　局部视图的画法及标注

2）为了节省绘图时间和图幅，对称构件或零件的视图可只画一半或四分之一，并在对称中心线的两端画出两条与其垂直的平行细实线，如图 4-6 所示。

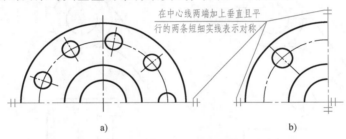

在中心线两端加上垂直且平行的两条短细实线表示对称

a)   b)

图 4-6　对称构件局部视图的画法

3）局部视图的断裂边界一般用波浪线表示。波浪线应画在物体的实体上，不应超过断裂物体的轮廓线，也不可画在物体的中空处。

4）当局部视图的局部结构完整，且外轮廓线封闭时，波浪线可省略，如图 4-5a 中的 A 向局部视图。

4.1.4　斜视图

物体向不平行于基本投影面的平面投射所得的视图，称为斜视图。物体上与基本投影面倾斜的部分所得的视图不能反映实形，如图 4-7a 中的左、俯视图所示。若设置一个与该倾斜部分平行的新的辅助投影面 P（P 面必须垂直于某个基本投影面，如 V 面），然后将物体上的倾斜部分向新的辅助投影面投射，可得到反映该部分实形的视图，如图 4-7b 所示。

斜视图通常按向视图的配置形式配置并标注，如图 4-8a 中的 "A"。

必要时，允许将斜视图旋转配置。表示该视图名称的大写拉丁字母应靠近旋转符号的箭头端，如图 4-8b 所示；也允许将旋转角度标注在字母之后，如 "⌒ $A45°$"。

旋转符号是一个半圆，其半径 R 应等于字体高度 h，如图 4-9 所示。

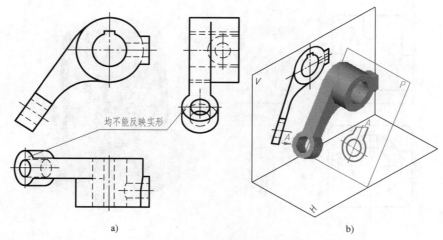

a)　　　　　　　　　　　b)

图 4-7　斜视图的形成

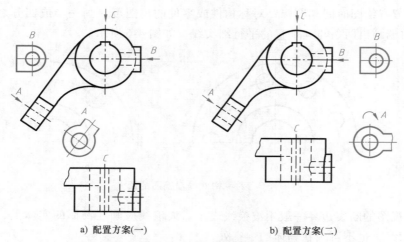

a) 配置方案(一)　　　　　　　b) 配置方案(二)

图 4-8　斜视图和局部视图的配置形式

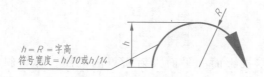

$h = R =$ 字高
符号宽度$= h/10$或$h/14$

图 4-9　旋转符号的尺寸和比例

4.2　剖视图

　　当物体的内部结构形状比较复杂时，视图中会出现较多的虚线，不便于看图及标注尺寸。为了准确、分明且重点突出地表达物体内外结构，国家标准（GB/T 17452—1998、GB/T 17453—2005、GB/T 4458.6—2002 和 GB/T 4457.5—2013）

微课 4. 剖视图

规定了剖视图的表示方法。

4.2.1 剖视图的基本概念

假想用剖切面剖开物体，将处在观察者和剖切面之间的部分移去，而将剩下部分向投影面投射所得的图形，称为剖视图，简称剖视，如图4-10a、c所示。

比较图4-10中的剖视图与视图可以看出，当主视图采用了剖视图后，视图中不可见的虚线变成了实线，加上剖面线的作用，使图形显得更有层次感，图形也更加清晰。

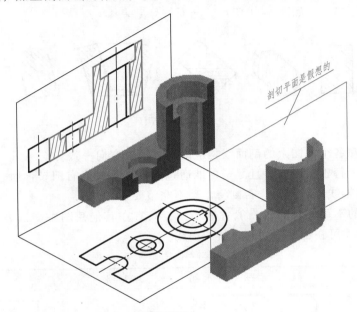

剖切平面是假想的

a) 剖视轴测图

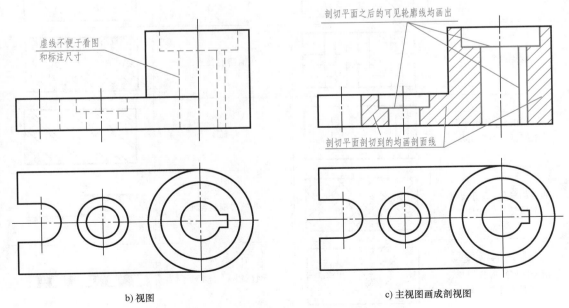

虚线不便于看图和标注尺寸

剖切平面之后的可见轮廓线均画出

剖切平面剖切到的均画剖面线

b) 视图

c) 主视图画成剖视图

图 4-10 视图与剖视图的比较

4.2.2 画剖视图应注意的问题

1）剖切是假设的。所以，当物体被假想剖开后所得的剖视图，在画其他视图或剖视图时物体仍须被完整地画出，如图 4-10c 中的俯视图。

2）剖切平面后面看得见的轮廓线必须全部画出，剖切平面与物体接触到的部分才画剖面线，如图 4-10c 中的主视图。

3）金属材料或通用材料的剖面线用细实线绘制，且与剖面外的轮廓线成对称或相适宜的角度（参考角度 45°），如图 4-11 所示，剖面符号见表 4-1。

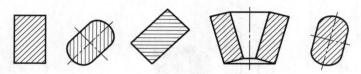

图 4-11 剖视图的剖面线示例

4）同一物体在各个视图上的剖面线均应间距相同，方向一致。

5）剖切面应平行于投影面，且尽量多地通过内部结构，当有回转体时，剖切面必须通过回转中心即通过轴线进行剖切，否则将出现不完整要素。

6）剖切面后的不可见轮廓线一般省略不画，只有在其他视图中尚未表达清楚的结构，为了少增加视图，才可在剖视图中画少量的虚线。

表 4-1 材料的剖面符号

材料类别	剖面符号	材料类别	剖面符号
金属材料（已有规定剖面符号者除外）		混凝土	
线圈绕组元件		钢筋混凝土	
转子、电枢、变压器和电抗器等的叠钢片		砖	
非金属材料（已有规定剖面符号者除外）		基础周围的泥土	
型砂、填砂、粉末冶金、砂轮、陶瓷刀片、硬质合金刀片等		格网（筛网、过滤网等）	

（续）

材料类别	剖面符号	材料类别	剖面符号
玻璃及供观察用的 其他透明材料		液体	

4.2.3 剖视图与剖切面的种类

1. 剖视图的种类

按照剖切平面切开物体的范围分类，剖视图可分为全剖视图、半剖视图和局部剖视图。

（1）全剖视图 用剖切面完全地剖开物体所得的剖视图，称为全剖视图，简称全剖。如图 4-12 中主视图所示，全剖视图主要用于表达外形简单、内部结构复杂的不对称物体或外形简单的对称物体。

a) 全剖轴测图

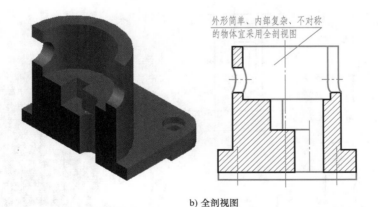

外形简单、内部复杂、不对称
的物体宜采用全剖视图

b) 全剖视图

图 4-12 全剖视图的表达方法

（2）半剖视图 当物体具有对称平面时，向垂直于对称平面的投影面投射所得的图形，并以对称中心线为界，一半画成视图，一半画成剖视图，称为半剖视图，简称半剖视。如图 4-13b 所示，轴测图如图 4-13c 所示。半剖视图主要用于内、外结构形状都较复杂的对称

或基本对称的物体。

注意：在半个剖视图中已表达清楚的内部结构，在另半个视图中的虚线应省略不画；半剖视图的位置，通常可按图 4-14a 所示的原则配置。图 4-14b 所示为半剖轴测图。

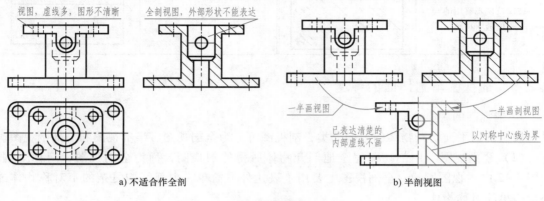

a) 不适合作全剖   b) 半剖视图

c) 半剖轴测图

图 4-13　半剖视图的表达方法

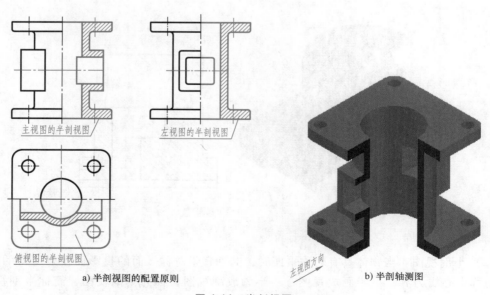

a) 半剖视图的配置原则   b) 半剖轴测图

图 4-14　半剖视图

机件的形状接近于对称，且不对称部分已另有图形表达清楚时，也可以画成半剖视图，如图 4-15 所示。

不对称部分由俯视图表达

a)　　　　　　　　b)

图 4-15　接近于对称机件的半剖视图

（3）局部剖视图　用剖切面局部地剖开物体所得的剖视图，称为局部剖视图，简称局部剖。局部剖视图的应用比较灵活。当物体既不宜采用全剖视图，也不宜采用半剖视图时，则可采用局部剖视图表达。局部剖视的剖切范围用波浪线作为与视图的分界线。单一剖切面的剖切位置较明显的局部剖，可不加标注，如图 4-16、图 4-17 所示。

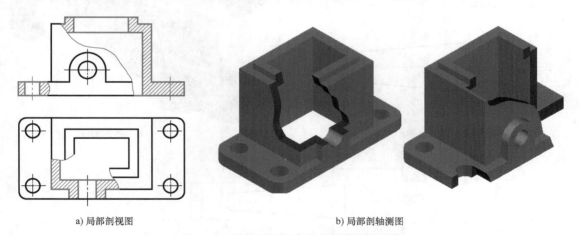

a) 局部剖视图　　　　　　　　b) 局部剖轴测图

图 4-16　局部剖视图应用于不对称的机件

画局部剖视图时应注意的事项：

1）只有局部的内部形状需要剖切表示，而又不宜采用全剖视时，采用局部剖，如图 4-18 所示。

2）局部剖视图中波浪线表示物体上假想折断的裂纹，画法如图 4-18 所示。

3）当被剖切结构为回转体时，允许将该结构的轴线作为局部剖与视图的分界线，如图 4-19 所示。

4）当对称零件的轮廓线与对称轴线重合时，不宜采用半剖视图，而应采用局部剖视图，如图 4-20 中的主视图所示。

5）在一个视图中，局部剖的数量不宜过多。

2. 剖切面的种类

剖切面是剖切被表达物体的假想平面或曲面。剖切符号是指示剖切面起、迄和转折位置（用粗短画线表示）及投射方向的符号。如图 4-21 所示，在粗短线的两旁画垂直箭头指明剖切后的投射方向。

根据物体的结构特点，可选择以下剖切面剖开物体。

（1）单一剖切面　单一剖切面可以是平面，也可以是柱面。

1）单一剖切面平行于某一基本投影面的平面时，所得全剖视图如图 4-10、图 4-12 所示；半剖视图如图 4-13～图 4-15 所示；局部剖视图如图 4-16～图 4-20 所示。

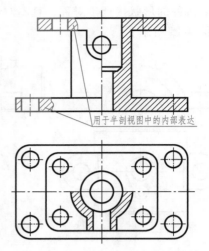

图 4-17　局部剖视图用于半剖视图中视图的内部表达

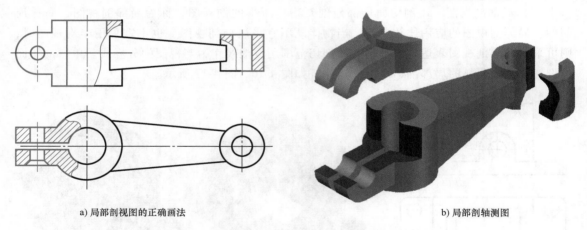

a) 局部剖视图的正确画法

b) 局部剖轴测图

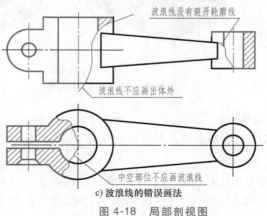

c) 波浪线的错误画法

图 4-18　局部剖视图

2）单一斜剖切平面（剖切面不平行于任何基本投影面），表达机件上倾斜部分的内部结构形状，称为斜剖视图，如图 4-21 所示。

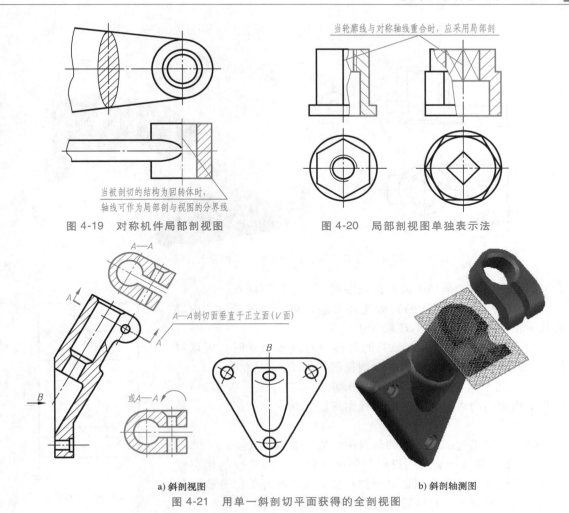

图 4-19　对称机件局部剖视图

图 4-20　局部剖视图单独表示法

当被剖切的结构为回转体时，轴线可作为局部剖与视图的分界线

当轮廓线与对称轴线重合时，应采用局部剖

A—A剖切面垂直于正立面（V面）

或A—A

a) 斜剖视图

b) 斜剖轴测图

图 4-21　用单一斜剖切平面获得的全剖视图

3）单一柱面剖切，表达分布于圆周的内部结构，仅将剖切柱面展开画，剖切柱面后面的有关结构省略不画，如图 4-22 所示。

提示：采用任何一种剖切面，都可得到全剖视图、半剖视图和局部剖视图。

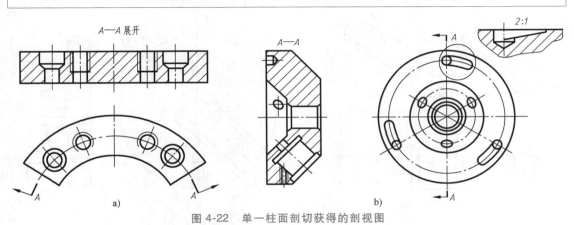

A—A展开

A—A

2:1

a)

b)

图 4-22　单一柱面剖切获得的剖视图

（2）几个平行的剖切平面　用几个平行的剖切平面获得的剖视图，如图 4-23 所示。

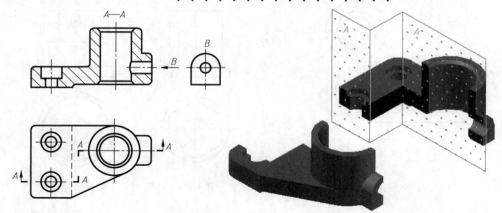

图 4-23　几个平行剖切平面剖切的全剖视图

画几个平行的剖切平面的剖视图时应注意以下两点：

1）各平行剖切平面的转折处必须是直角，并且表达的内部形状不相互遮挡，如图 4-23 所示。

2）仅当在图形上具有公共的对称中心线或轴线时，可以对称中心线或轴线为界，各画一半剖视图，如图 4-24 所示。

（3）几个相交的剖切平面（交线必须垂直于某一投影面）用几个相交的剖切平面获得的剖视图应旋转到一个投影面上，如图 4-25 所示。

画几个相交的剖切平面的剖视图时应注意以下几点：

1）按"剖切—旋转—投射"的顺序画图，即先按剖切位置假想剖开机件，然后将剖切平面剖开的结构及其有关部分旋转到与选定的投影面平行再进行投射，如图 4-26 所示。

2）在剖切平面后的其他结构，一般仍按原来的位置投影，如图 4-25b 中的凸台。

3）当剖切后会产生不完整要素时，应将此部分按不剖绘制，如图 4-27b 中的主视图。

4）几个相交的剖切平面只适用于具有明显回转轴线的机件，所以，常用于盘类零件及摇杆等，如图 4-25~图 4-28 所示。

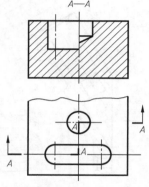

图 4-24　具有公共对称中心线的剖视图

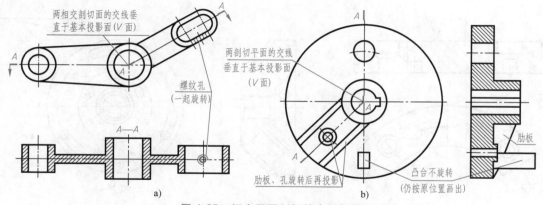

图 4-25　相交平面剖切的全剖视图

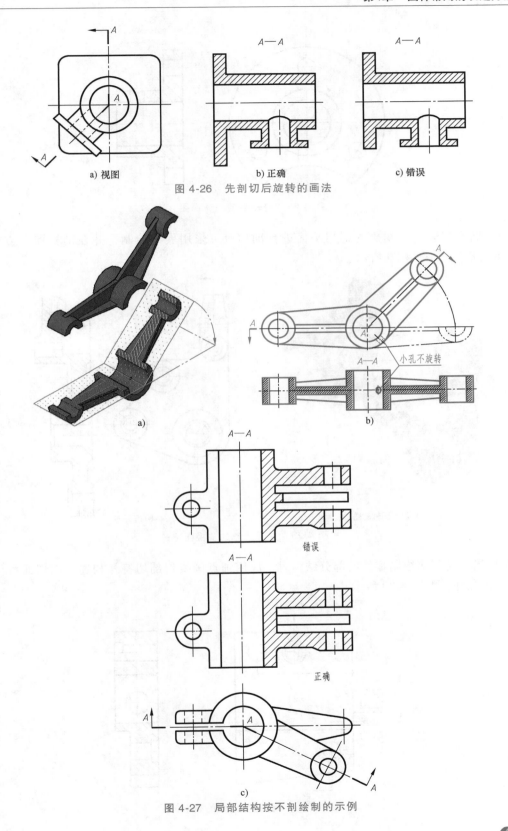

a) 视图　　　　　b) 正确　　　　　c) 错误

图 4-26　先剖切后旋转的画法

小孔不旋转

A—A

a)　　　　　　　b)

A—A

错误

A—A

正确

c)

图 4-27　局部结构按不剖绘制的示例

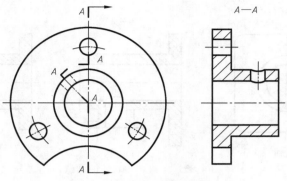

图 4-28　旋转绘制的剖视图

5）若有连续几个相交的剖切平面进行剖切，可采用展开绘制，并在剖视图上方标注"×—×展开"，如图 4-29 所示。

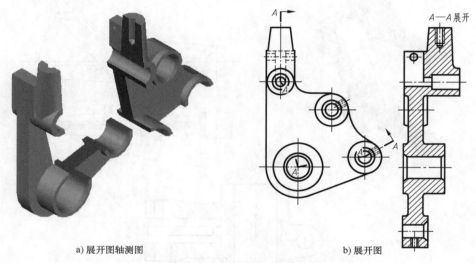

a) 展开图轴测图　　　　　　　　　　b) 展开图

图 4-29　展开绘制的剖视图

6）当只需剖切绘制零件的部分结构时，应用细点画线将剖切符号相连，剖切面可位于零件实体之外，如图 4-30 所示。

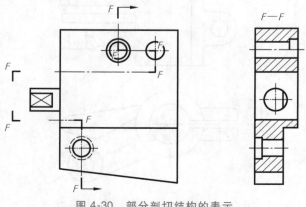

图 4-30　部分剖切结构的表示

7）用几个剖切平面分别剖开机件，得到的剖视图为相同图形时，可按图 4-31 所示形式标注。

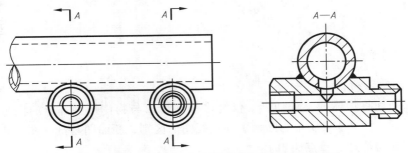

图 4-31　用几个剖切平面获得相同图形的剖视图

8）用一个公共剖切平面剖开机件，按不同方向投射得到的两个剖视图，应按图 4-32 所示的形式标注。

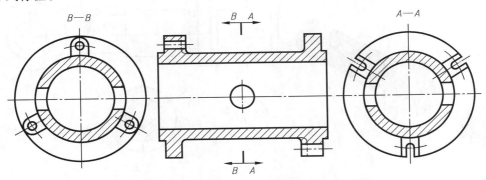

图 4-32　用一个公共剖切平面获得的两个剖视图

4.2.4　剖视图的标注

为了便于看图，画剖视图时将剖切位置、投射方向及剖视图名称标记在相应的剖视图上，具体要求：

（1）剖切符号　指示剖切面起、迄和转折位置（用粗短画表示，线长 5～8mm）的符号。并尽量不与图形的轮廓线相交。

（2）投射方向　在剖切符号的两端外侧，用箭头指明剖切后的投射方向。与箭头连接的线为细实线；剖切迹线为细点画线（一般省略不画，但在移出断面图中有应用）。

（3）剖视图的名称　一般应在剖视图的上方用大写的拉丁字母标出剖视图的名称"×—×"。在相应的视图上用剖切符号表示剖切位置和投射方向（用箭头表示），并标注相同的字母，如图 4-28～图 4-32 所示。不论剖切符号方向如何，字母总是水平书写。

（4）省略或简化标注剖视图的条件

1）当剖视图按投影关系配置，中间又无其他图形隔开时，可省略投射箭头，如图 4-14～图 4-16 所示。

2）当单一剖切平面通过机件的对称或基本对称平面，并且按投影关系配置，中间又没有其他图形隔开时，可省略标注，如图 4-14、图 4-15 所示。

3）单一剖切平面的剖切位置明确时，局部剖视图不必标注，如图4-16、图4-18所示。

4.3 断面图

05.断面图

4.3.1 移出断面

1.断面图的概念

假想用剖切面将物体的某处切断，仅画出该剖切面与物体接触部分的图形，称为断面图，可简称断面。图4-33b所示为断面图和剖视图的区别，断面图与剖视图在表示局部断面上，断面图要显得清楚，重点突出。

断面图主要用来表达机件上某处的断面形状，如肋、轮辐、键槽、小孔及各种细长杆件和型材的断面形状等，如图4-33、图4-34所示。

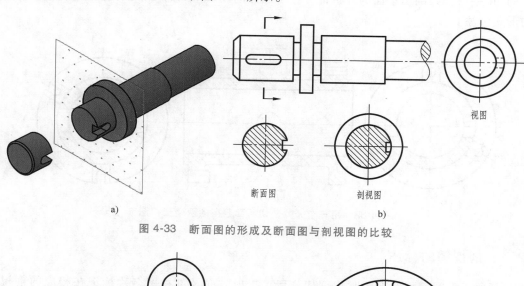

a)   b)

断面图   剖视图

视图

图 4-33   断面图的形成及断面图与剖视图的比较

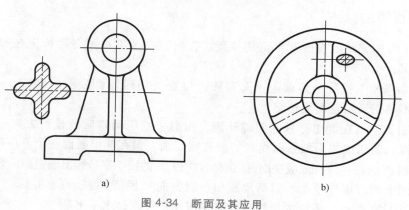

a)   b)

图 4-34   断面及其应用

提示： 断面图分为移出断面图和重合断面图。

2.移出断面图

移出断面图的图形应画在视图之外，轮廓线用粗实线绘制，配置在剖切线的延长线上

（图 4-33、图 4-34）或其他适当的位置。

移出断面图常按以下原则绘制和配置：

1）断面的投影应画剖面符号，断面图形尽量配置在剖切符号上，如图 4-33b 中键槽处的断面，或配置在剖切线的延长线上，如图 4-34a 中的肋板。

2）移出断面的图形对称时也可画在视图的中断处，如图 4-35b 所示。

移出断面也可按图 4-35 所示配置位置。在不致引起误解时，将图形旋转，其标注形式如图 4-35c 所示。

3）由两个或多个相交的剖切平面剖切得出的移出断面图，中间一般应断开，如图 4-35d 所示。

4）当剖切平面通过回转体轴线而形成的孔或凹坑时，则这些结构按剖视图要求绘制，如图 4-35a 中的 *B—B* 剖的上端小钻孔。

5）当剖切平面通过非圆孔，会导致出现完全分离的断面时，则这些结构应按剖视图要求绘制，如图 4-35c 中的 *A—A* 断面图。

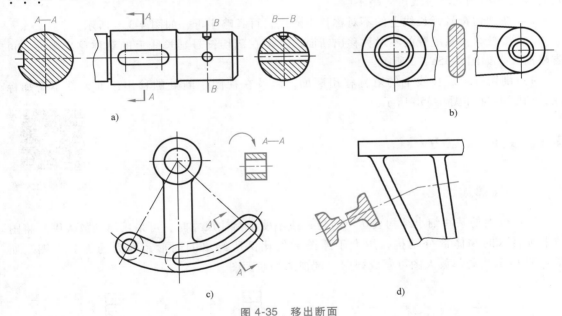

图 4-35　移出断面

4.3.2　重合断面图

重合断面图的图形应画在视图之内，断面轮廓线用细实线，如图 4-36 所示。当视图中轮廓线与重合断面图的图形重叠时，视图中的轮廓线仍应连续画出，不可间断，如图 4-36c 所示。

对称的重合断面，不必标注，如图 4-36a、b 所示。在剖切符号上的不对称重合断面，不需标注字母，但仍要画出指明投射方向的箭头，如图 4-36c 所示。

4.3.3　断面图的标注

1）一般应用大写的拉丁字母标注移出断面图的名称"×—×"，在相应的视图上用剖切

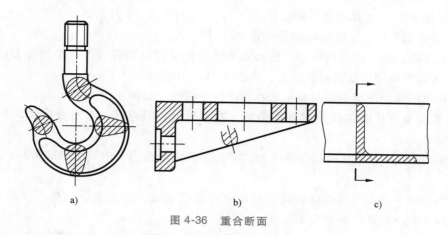

图 4-36　重合断面

符号表示剖切位置和投射方向（用箭头表示），并标注相同的字母，如图 4-35a、c 所示，剖切符号之间的剖切轨迹线可省略不画。

2）在剖切符号延长线上的不对称移出断面，可省略字母，如图 4-33b 所示。

3）按投影关系配置的不对称移出断面以及不在剖切符号延长线上的对称移出断面，可省略箭头，如图 4-35a、d 所示。

4）剖切符号延长线上的对称移出断面，以及在视图中断处的移出断面，都不需加标注，如图 4-34 和图 4-35b 所示。

4.4　其他表达方法

4.4.1　局部放大图

06. 局部放大图
和简化画法

当机件上的某些细小结构表达不清楚，或不便于标注尺寸时，可采用局部放大图。将图样中所表示的物体部分结构，用大于原图形的比例所绘出的图形，称为局部放大图。如图 4-37 所示，局部放大图可画成视图、剖视图和断面图。

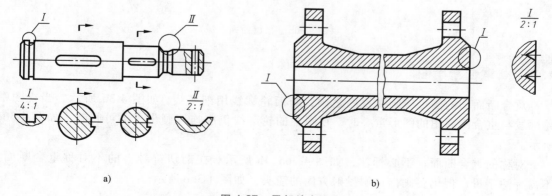

图 4-37　局部放大图

画局部放大图应注意的事项：

1）局部放大图应被尽量配置在被放大部位的附近，用细实线圈出被放大的部位，当同一机件上有几个部位需要放大时，应依次在局部放大图的上方标出相应的罗马数字和放大比例，如图 4-37 所示。

2）对于较复杂的需局部放大的结构，可用几个局部放大视图表达，如图 4-38 所示。

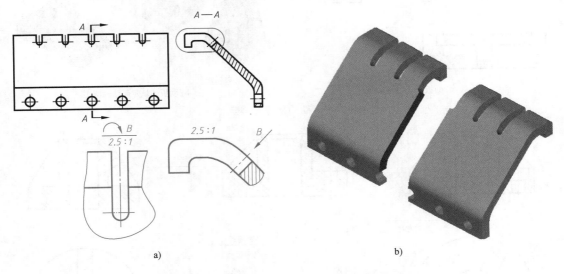

图 4-38　用几个视图表达一个放大结构

提示： 局部放大图上所标注的比例，只是该机件中局部放大部分与实际机件的尺寸之比，与被放大部分的原表达方式所采取的比例无关。

4.4.2　简化画法

简化画法是包括规定画法、省略画法、示意画法等在内的图示方法。国家标准 GB/T 16675.1—2012《技术制图　简化表示法》和 GB/T 4458.1—2002《机械制图　图样画法》规定了一系列的简化画法，减少了绘图工作量，同时也使图样更清晰。

1. 规定画法

规定画法是对标准中规定的某些特定表达对象，所采用的特殊图示方法。

1）对于机件的肋、轮辐及薄壁等，如按纵向剖切，这些结构都不画剖面符号，而用粗实线将它与其邻接部分分开，如图 4-39a 中的左视图所示。当不按纵向剖切时，应画上剖面符号，如图 4-39a 中的俯视图所示。

2）当零件回转体上均匀分布的肋、轮辐、孔等结构不处于剖切平面上时，可将这些结构旋转到剖切平面上画出，如图 4-40a、b 所示。机件的肋上如有较小结构需表达时，可在肋上取局部剖，如 4-40c 所示。

3）在不引起误解的情况下，对于对称机件的视图可只画一半或四分之一，并在对称中心线的两端画出两条与其垂直的平行细实线，如图 4-41 所示。

4）在不引起误解的情况下，剖面符号可省略，如图 4-42 所示。

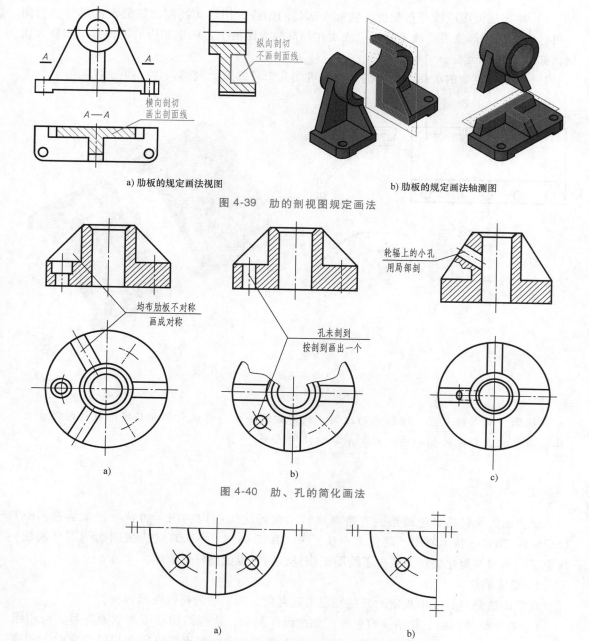

a) 肋板的规定画法视图

b) 肋板的规定画法轴测图

图 4-39　肋的剖视图规定画法

纵向剖切
不画剖面线

横向剖切
画出剖面线

均布肋板不对称
画成对称

孔未剖到
按剖到画出一个

轮辐上的小孔
用局部剖

a)　　　　　　b)　　　　　　c)

图 4-40　肋、孔的简化画法

a)　　　　　　b)

图 4-41　对称机件的简化画法

5）圆柱形法兰和类似零件上均匀分布的孔可按图 4-43 所示的方法表示（由机件外向该法兰端面方向投影）。

6）用一系列剖面表示机件上较复杂的曲面时，可只画出剖面轮廓，并可配置在同一个位置上，如图 4-43 所示。

7）当回转体零件上的平面在图形中不能充分表达时，可用两条相交的细实线表示这些平面，如图 4-44 所示。

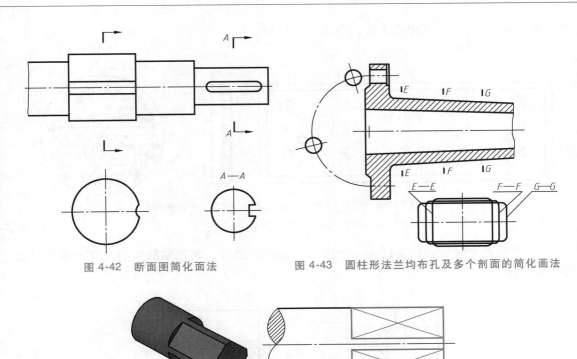

图 4-42　断面图简化面法　　　　图 4-43　圆柱形法兰均布孔及多个剖面的简化画法

图 4-44　零件上平面的表示法

a)　　　　　　b)

8）较长的机件如轴、杆、型材、连杆等，沿长度方向的形状一致或按一定规律变化时，可断开后缩短绘制，如图 4-45 所示。

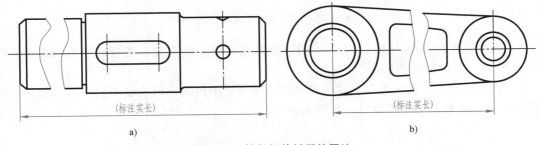

（标注实长）　　　　　　（标注实长）

a)　　　　　　b)

图 4-45　较长机件折断的画法

2. 省略画法

省略画法是通过省略重复投影、重复要素、重复图形等达到使图样简化的图示方法。

1）尽可能减少相同结构要素的重复绘制，如图 4-46 所示。

2）若干直径相同且成规律分布的孔，可以仅画出一个或少量几个，其余只需要用

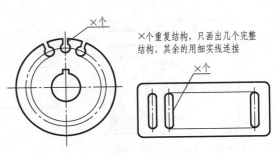

×个重复结构，只画出几个完整结构，其余的用细实线连接

图 4-46　重复结构简化画法（一）

细点画线或"+"表示其中心位置，如图 4-47 所示。

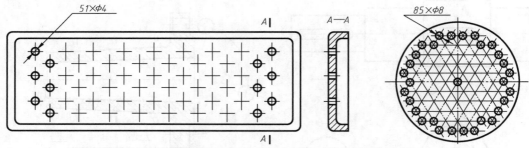

有规律重复排列的等径孔，可仅画出一个或几个小孔，其余只需表明其中心位置

图 4-47　重复结构简化画法（二）

3）当机件上较小的结构已在一个图形中表达清楚时，其他图形应当简化或省略，如图 4-48 所示。

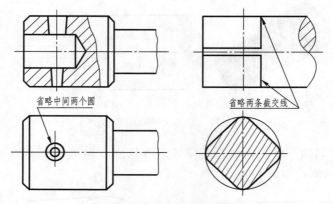

图 4-48　较小结构的省略画法

4）与投影面倾斜角小于或等于 30°的圆或圆弧，手工绘图时，其投影可用圆或圆弧代替，如图 4-49 中的俯视图所示。

5）在不引起误会的情况下，零件图中的小圆角、小倒圆均可省略不画，但必须在视图中标注尺寸或在技术要求中说明，如图 4-50 所示。

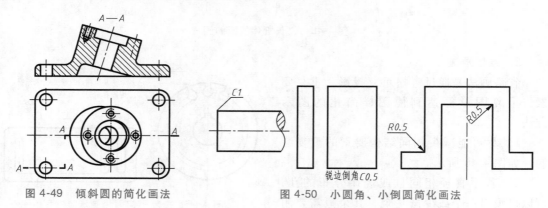

图 4-49　倾斜圆的简化画法　　　　　图 4-50　小圆角、小倒圆简化画法

3. 示意画法

示意画法是用规定符号或较形象的图线绘制图样的表意性图示方法。

1）滚花一般采用在轮廓线附近用粗实线局部画出的方法表示，如图 4-51 所示，也可省略不画。

2）在需要表示位于剖切平面前的结构时，这些结构可假想地用细双点画线绘制，如图 4-52 的主、左视图所示。

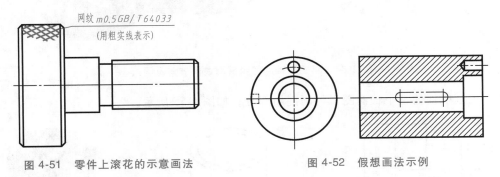

图 4-51　零件上滚花的示意画法　　　　图 4-52　假想画法示例

4.5　轴测剖视图的画法

07. 轴测剖视图的画法及尺寸标注

在轴测图中，表示零件的内部形状时，可假想用剖切平面将零件的一部分剖去。

轴测剖视图也可画成全剖视、半剖视、局部剖视图及折断等形式。

4.5.1　轴测剖视图的剖面线

在轴测剖视图中，不论零件是什么材料，剖面线一律采用平行且间距相等的细实线，其截取比例与所画轴测图类型相同。图 4-53 所示为正等测轴测图中剖面线的方向及画法，图 4-54 所示为斜二测轴测图中剖面线的方向及画法。

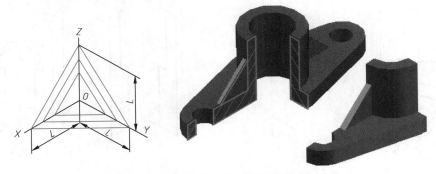

图 4-53　正等测轴测图中剖面线的方向及画法

4.5.2　轴测剖视图的画法示例

画轴测剖视图可采用以下两种方法：

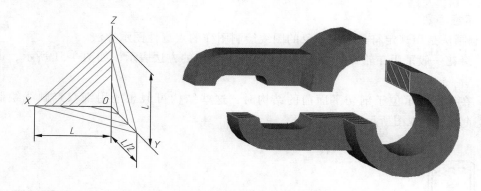

图 4-54　斜二测轴测图中剖面线的方向及画法

1）先画机件的整个轴测图，再画剖切部分，如图 4-55 所示。

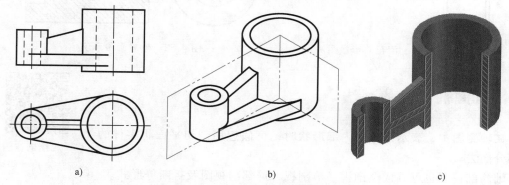

a)　　　　　　　　　　　　b)　　　　　　　　　　　　c)

图 4-55　先画整体后画剖切的轴测剖

2）先画剖切面形状，再画机件轴测图的其余部分，画图步骤如图 4-56 所示。

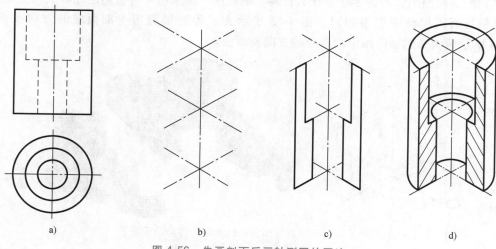

a)　　　　　　　　b)　　　　　　　　c)　　　　　　　　d)

图 4-56　先画剖面后画轴测图的画法

画轴测剖视图应注意的事项：

1）剖切肋板时，仍是纵剖不画剖面线，横剖必须画剖面线，如图 4-39b 所示。

2）机件折断或断裂时，断裂处的边界线用波浪线，在断裂面可见处画细点以代替剖面线，如图4-57所示。

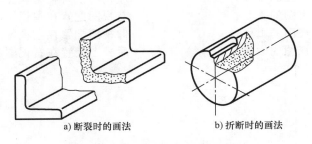

a) 断裂时的画法　　　　　b) 折断时的画法

图 4-57　轴测剖中断裂与折断时的画法

4.6　第三角画法简介

08. 第三角
画法简介

国家标准 GB/T 13361—2012《技术制图 通用术语》规定了第一角画法（采用的国家有中国、英国、德国、法国、俄罗斯等）和第三角画法（采用的国家有美国、日本、加拿大、澳大利亚等），随着国际合作与交流的日益增多，应当了解第三角画法。

4.6.1　第一角画法与第三角画法的对比

如图 4-58 所示，两个相互垂直的平面（H 面和 V 面）将空间划分为四个分角，分别称为第一分角~第四分角。

第二分角

第一分角

第三分角

第四分角

图 4-58　四个分角

1. 获得投影方式的对比

第一角画法是将物体置于第一分角内，并使其处于观察者与投影面之间而得到正投影的方法（位置关系为：人——物——投影面）。

第三角画法是将物体置于第三分角内，并使投影面处于观察者与物体之间而得到正投影的方法（假想投影面是透明的，其位置关系为：人——投影面——物）。

第三角投影与第一角投影相类似，均采用正投影法，即在第三角画法的视图之间，同样符合"长对正、高平齐、宽相等"的投影规律。只不过在第三角投影的视图中是主、俯视图长对正；主、右视图高平齐；俯、右视图宽相等。

2. 视图的位置配置不同

和第一角画法一样，第三角画法也有六个基本视图。六个基本视图的配置如图4-59所示。不难看出，由于第三角画法的展开方式与第一角画法不同，所以其基本视图的配置位置也不相同。

以主视图为基准，其他视图的配置对比如下：

第一角画法
俯视图配置在主视图的下方；
左视图配置在主视图的右方；
右视图配置在主视图的左方；
仰视图配置在主视图的上方；
后视图配置在左视图的右方。

第三角画法
俯视图配置在主视图的上方；
左视图配置在主视图的左方；
右视图配置在主视图的右方；
仰视图配置在主视图的下方；
后视图配置在右视图的右方。

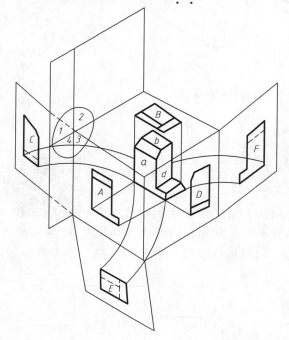
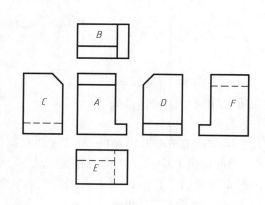

图 4-59　第三角画法

从上述对比可以看出：

第三角画法的俯、仰视图位置，与第一角画法的俯、仰视图的位置上、下对调；

第三角画法的左、右视图位置，与第一角画法的左、右视图的位置左、右对调；

第三角画法的主、后视图位置，与第一角画法的主、后视图的位置一致。

并且第三角画法的俯、左、右、仰视图，靠近主视图的一边（里边）是物体前面的投影，远离主视图的一边（外边）是物体的后面（这一点与第一角画法正好相反）。

4.6.2　第三角画法与第一角画法的投影识别符号

国家标准（GB/T 14692—2008）规定了投影识别符号，如图 4-60 所示。目的在于区别第三角画法与第一角画法，该符号标记在国家标准规定的标题栏内（右下角）"名称及代号区"的最下方。

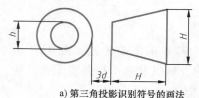

h＝图中尺寸数字高度（$H=2h$）
d 为图中粗实线宽度

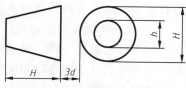

a) 第三角投影识别符号的画法

b) 第一角投影识别符号的画法

图 4-60　第三角画法与第一角画法的投影识别符号

采用第三角画法必须在标题栏内标出识别符号，采用第一角画法时一般不必标出。

4.6.3　第三角画法应用举例

如图 4-61 所示，将一物体置于第三角内，得到图 4-61b 所示的主、俯、右三视图，以及图 4-61c 所示六个基本视图。

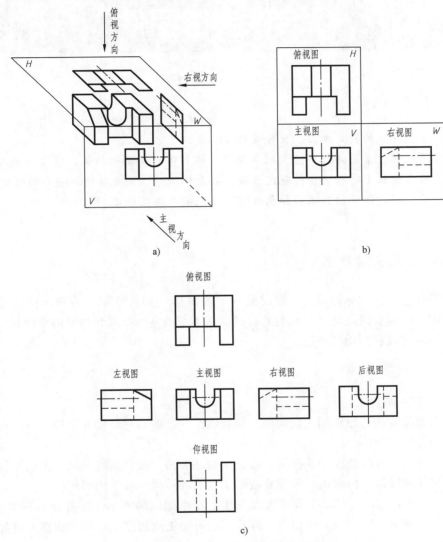

图 4-61　第三角投影画法及视图配置

第5章

标准件与常用件

教学提示：

1) 熟练掌握螺纹的规定画法、代号及标注。
2) 熟练掌握螺纹紧固件（螺栓、双头螺柱、螺钉等）的简化画法、连接画法及标记。
3) 掌握直齿圆柱齿轮及啮合的规定画法，熟悉锥齿轮、蜗轮与蜗杆啮合的规定画法。
4) 熟悉键连接、销连接、滚动轴承及弹簧的规定画法及标记。

5.1 螺纹及螺纹紧固件

螺纹是零件上一种常见的结构。螺纹是一平面图形（如三角形、矩形、梯形等）沿圆柱或圆锥表面上的螺旋线运动，形成的具有横截面不变的连续凸起和沟槽的空间结构。螺纹主要起可拆卸的连接和传动等作用。

5.1.1 螺纹的基本知识

1. 螺纹的形成与加工

螺纹是根据螺旋线的原理加工而成的。螺旋线是一条绕圆柱旋转并上升的空间曲线，螺旋线分左旋和右旋两种。

螺纹分内螺纹和外螺纹两种，在圆柱或圆锥的外表面，按螺旋线形状加工的结构，称为外螺纹。在圆柱或圆锥的内表面，按螺旋线形状加工的结构，称为内螺纹。

螺纹的加工方法很多，图 5-1 所示为在车床上车削螺纹的方法。工件绕轴线等速旋转，刀具沿轴线方向等速移动，当刀尖切入工件后，便可加工出螺纹。凡是由标准刀具加工的螺纹都是标准螺纹。

2. 螺纹的结构要素

（1）牙型　螺纹在螺纹轴或孔的轴线上的断面形状，称为螺纹牙型。常见牙型有三角形、梯形和锯齿形等，如图 5-2 所示。

（2）直径　螺纹的直径有大径（d、D）、中径（d_2、D_2）、小径（d_1、D_1）之分，其中外螺纹大径 d 和内螺纹小径 D_1 也称为顶径，如图 5-3 所示。螺纹的顶径是加工和测量使用的直径。

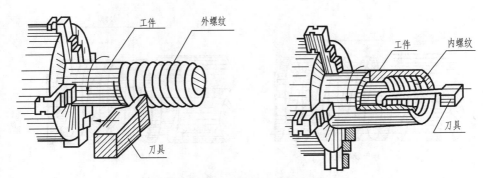

图 5-1 在车床上车削螺纹

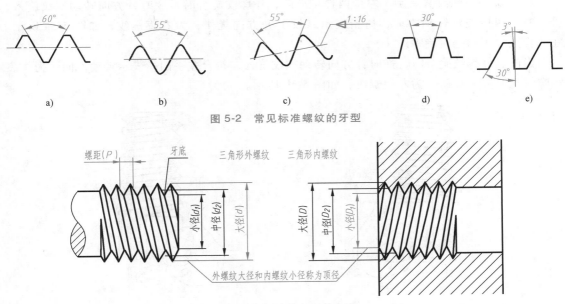

图 5-2 常见标准螺纹的牙型

图 5-3 螺纹的各部分名称

大径（d、D）是指与外螺纹牙顶或内螺纹牙底相切的假想圆柱或圆锥的直径。

小径（d_1、D_1）是指与外螺纹牙底或内螺纹牙顶相切的假想圆柱或圆锥的直径。

中径（d_2、D_2）是一个假想圆柱（或圆锥）的直径，该圆柱（或圆锥）的素线通过牙型上的沟槽和凸起宽度相等的地方。

公称直径是代表螺纹尺寸的直径，对于紧固螺纹和传动螺纹一般是指螺纹大径的基本尺寸。

（3）导程、螺距和线数。

1）螺距（P）。相邻两牙在中径上的轴向距离称为螺距，用大写字母 P 表示。

2）线数（n）。螺纹有单线与多线之分。沿一条螺旋线形成的螺纹称为单线螺纹；沿两条或两条以上螺旋线形成的螺纹称为多线螺纹。线数用小写字母 n 表示。

3）导程（P_h）。同一螺旋线上，相邻两牙在中径上的距离称为导程，用 P_h 表示，如图 5-4 所示。

导程、螺距和线数之间的关系是：$P_h = nP$。对于单线螺纹，则有 $P = P_h$。

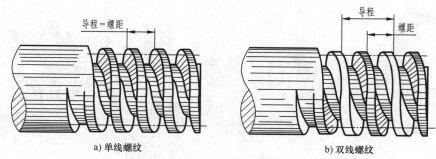

a) 单线螺纹　　　　　　　　　　b) 双线螺纹

图 5-4　螺纹的导程、线数和螺距

（4）旋向　螺纹分右旋、左旋两种　当内、外螺纹旋合时，顺时针方向转动螺纹旋入，符合右手四指表示转动方向，拇指表示螺纹上升方向规律，为右旋螺纹，如图 5-5a 所示。在工程上常用的是右旋螺纹。

当内、外螺纹旋合时，逆时针方向转动螺纹旋入，符合左手四指表示转动方向，拇指表示螺纹上升方向规律，为左旋螺纹，如图 5-5b 所示。

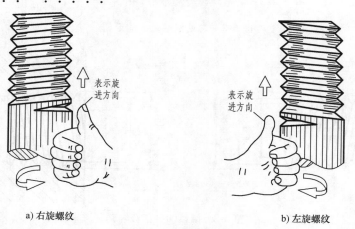

a) 右旋螺纹　　　　　　　　　　b) 左旋螺纹

图 5-5　螺纹的旋向

5.1.2　螺纹的规定画法及标注

1. 外螺纹的画法及标注

国家标准（GB/T 4459.1—1995）规定：外螺纹顶径画粗实线，螺纹底径画细实线，一般按 $d_1 = 0.85d$ 关系绘制，螺杆的倒角或倒圆部分也应画出。在垂直于螺纹轴线的投影图中，牙底圆用细实线画 3/4 圈，空出的 1/4 圈的位置不作规定。此时，螺杆上的倒角圆投影省略不画。螺纹长度终止线用粗实线表示。

螺纹尺寸标注在大径上，不可见螺纹的所有图线（除轴线外）均为虚线。

外螺纹的大径是顶径，小径是底径，螺纹的标注与轴相似，只是直径不用 ϕ，而用螺纹特征代号取代，如图 5-6 所示。

2. 内螺纹的画法及标注

内螺纹的小径是顶径，大径是底径。在剖视图或断面图中，内螺纹小径（顶径）和螺纹

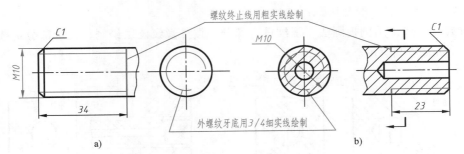

图 5-6　外螺纹的画法

终止线均用粗实线画出；内螺纹大径（底径）用细实线表示，剖面线要画到粗实线；在垂直于螺纹轴线的投影视图中，表示内螺纹大径的细实线只画出大约 3/4 圈，倒角圆省略不画。

　　绘制不穿通的螺纹孔时，钻孔深度一定大于螺纹深度，两者要分别画出，一般钻孔深度比螺纹深度大 $0.3D \sim 0.5D$（D 为螺纹大径），孔底的锥尖角为 $120°$，如图 5-7 所示。

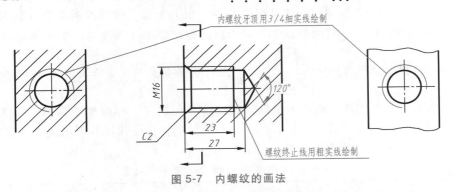

图 5-7　内螺纹的画法

　　内螺纹的画法与内螺纹的加工过程相吻合，要学懂内螺纹的画法，必须了解其如何加工。内螺纹的加工是先钻孔后攻螺纹的过程，孔底的锥角为 $120°$，是钻头锥角确定的，如图 5-8 所示。

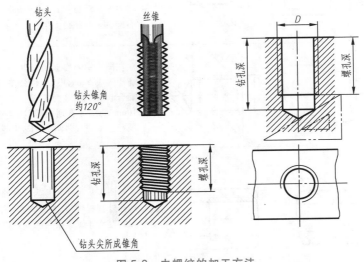

图 5-8　内螺纹的加工方法

3. 内、外螺纹旋合的画法及标注

螺纹旋合一般采用剖视画法，螺纹重合部分，按外螺纹画法绘制，其余部分仍按各自的画法表示，如图5-9所示。

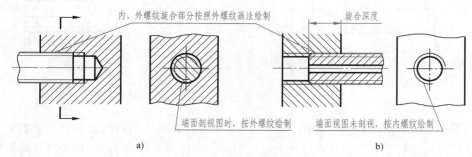

图 5-9　螺纹旋合的画法

4. 螺纹标记及标注

螺纹按用途可分为连接螺纹和传动螺纹两种。图上无法反映螺纹的参数和制造精度等，必须用规定标记加以说明。普通螺纹和传动螺纹的标记如下（多线螺纹要有导程）：

$$\boxed{螺纹特征代号}\ \boxed{公称直径}\times\left\{\begin{matrix}\boxed{螺距}\\[2pt]\boxed{P_{h}\ 导程\ P\ 螺距}\end{matrix}\right\}\ \boxed{公差带代号}-\boxed{旋合长度代号}-\boxed{旋向代号}$$

螺纹的标记：公称直径以毫米为单位的螺纹（普通螺纹、梯形螺纹和锯齿形螺纹），其标记应直接注在大径的尺寸线或其延长线上；管螺纹的标记一律注在引出线上，引出线应从螺纹大径处引出，或由对称中心处引出，见表5-1。

表 5-1　常用标准螺纹的种类和标记

螺纹种类			标注示例	说明
连接螺纹	普通螺纹	粗牙	M20-5g6g-S　　M10-7H	左图表示公称直径为20mm的粗牙普通外螺纹，旋向为右旋，中、顶径公差带代号分别为5g、6g，短旋合长度 右图表示公称直径为10mm的粗牙普通内螺纹，右旋，中、顶径公差带代号均为7H，中等旋合长度
		细牙	M20×1.5-6h-LH　　M10×1-7H	左图表示公称直径为20mm的细牙普通外螺纹，螺距为1.5mm，中、顶径公差带代号均为6h，中等旋合长度，旋向为左旋。右图表示公称直径为10mm的细牙普通内螺纹，螺距为1mm，右旋，中、顶径公差带代号均为7H，中等旋合长度
	管螺纹	55°非密封管螺纹	$G1\frac{1}{2}A$　　$G\frac{1}{2}-LH$	左图表示尺寸代号为1½的右旋非螺纹密封的圆柱外管螺纹，公差为A级；右图表示尺寸代号为½的左旋非螺纹密封的圆柱内管螺纹

（续）

螺纹种类			标注示例	说明
连接螺纹	管螺纹	55°密封管螺纹	$R_1 1\frac{1}{2}$	表示尺寸代号为 1/2 的与圆锥内螺纹配合的右旋圆锥外螺纹
			$Rc\ 1\frac{1}{2}\text{-}LH$	表示尺寸代号为 1½ 的左旋圆锥内螺纹
			$Rp1\ 1/2$	表示尺寸代号为 1½ 的右旋圆柱内螺纹
传动螺纹	梯形螺纹		$Tr36\times12\,(P6\,)\text{-}7H$	表示公称直径为 36mm，导程为 12mm，螺距为 6mm 的右旋梯形内螺纹，中径公差带为 7H，中等旋合长度
	锯齿形螺纹		$B40\times7\text{-}8c\text{-}LH$	表示公称直径为 40mm、单线、螺距为 7mm 的左旋锯齿形外螺纹，中径公差带为 8c，中等旋合长度

螺纹标注需注意以下几点：

1）单线螺纹的线数省略不标。

2）单线粗牙普通螺纹的螺距省略不标。

3）右旋螺纹的旋向省略不标。

4）螺纹公差带代号是对螺纹制造精度的要求。普通螺纹标注中径、顶径公差带代号，中径在前，顶径在后，相同时只标注一个；小写字母代表外螺纹，大写字母代表内螺纹；传动螺纹只标注中径公差带代号。

5）管螺纹的尺寸代号用引线标注，尺寸代号不是螺纹的大径，是管子的规格代号（通孔直径）。

6）螺纹旋合长度分为短旋合长度、中等旋合长度、长旋合长度，分别用 S、N、L 表示，中等螺纹旋合长度省略不标，特殊需要时注明旋合长度数值。

【例5-1】 图样尺寸标注中 Tr40×14（P7）LH—8e—L—LH"的含义。

Tr40表示梯形螺纹，公称直径（大径）40mm；14（P7）表示梯形螺纹的导程14mm，螺距7mm（双线螺纹）；8e表示梯形螺纹的中径公差带代号，小写字母表示为外螺纹，即梯形螺纹轴；L表示梯形螺纹为长旋合长度；LH表示左旋。

5. 非标准螺纹的画法和标注

非标准螺纹的表达，必须画出至少一组牙型螺纹，并要标出螺纹结构所需的全部尺寸，如图5-10所示。

特殊螺纹在标注时，应在特征代号前面加注"特"字，如：特 M36×0.75—7H。

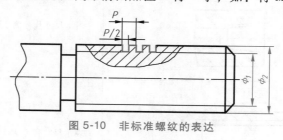

图 5-10 非标准螺纹的表达

09. 螺纹
紧固件

5.1.3 螺纹紧固件及其连接

螺纹紧固件也称为螺纹连接件，是工程上应用最广泛的可拆式连接。常用的有螺栓连接、螺柱连接和螺钉连接三种。

1. 常用螺纹紧固件及标记

螺纹连接件由一系列的标准件组成，不需单独画图，必须按规定标记进行标注。

螺纹紧固件的标记由件的名称、标准代号、尺寸与规格、性能等级组成。常用的几种螺纹紧固件的标记示例见表5-2。

表 5-2 常用螺纹紧固件及其标记示例

名称	画法及规格尺寸	标记示例及说明
六角头螺栓	M8　40	螺栓　GB/T 5782　M8×40 螺纹规格为M8、公称长度为40mm、性能等级为4.8级、表面不经处理、产品等级为A级的六角头螺栓
双头螺柱	M8　40	螺柱　GB/T 898　M8×40 两端均为粗牙普通螺纹、规格为M8；公称长度为40mm、性能等级为4.8级、不经表面处理、B型、$b_m =$ 1.25d 的双头螺柱
六角螺母	M10	螺母　GB/T 6170　M10 螺纹规格为M10,性能等级为8级、不经表面处理、产品等级为A级的1型六角螺母

（续）

名称	画法及规格尺寸	标记示例及说明
垫圈	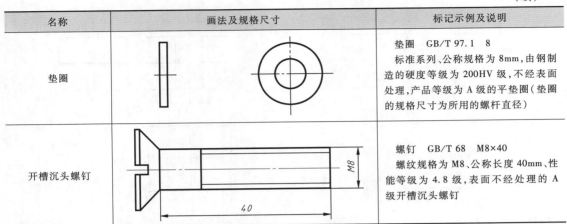	垫圈 GB/T 97.1 8 标准系列、公称规格为 8mm，由钢制造的硬度等级为 200HV 级，不经表面处理，产品等级为 A 级的平垫圈（垫圈的规格尺寸为所用的螺杆直径）
开槽沉头螺钉	M8 40	螺钉 GB/T 68 M8×40 螺纹规格为 M8、公称长度 40mm、性能等级为 4.8 级、表面不经处理的 A 级开槽沉头螺钉

注：螺纹连接件的其他结构尺寸可在相关标准中查表获得。

2. 常用螺纹紧固件画法

常用的螺纹紧固件有螺栓、双头螺柱、螺钉、垫圈、螺母等，它们的结构都已经标准化。画螺纹紧固件的图形时，其各部分尺寸应根据规定标记，从国家标准中查表确定。但为了方便作图，通常将螺纹紧固件的各部分尺寸，取其与螺纹大径成一定比例近似画出，称为比例画法，如图 5-11 所示。

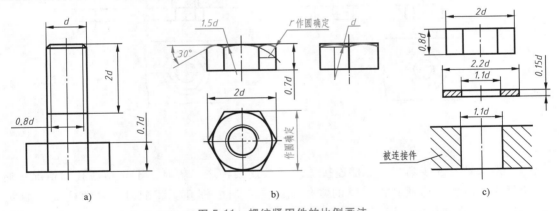

图 5-11 螺纹紧固件的比例画法

螺母和螺栓头的倒角可省略不画，按图 5-11a、c 所示的画法表达。

3. 常用螺纹紧固件连接的画法

（1）螺栓连接画法 螺栓连接适用于被连接件不厚的情况，把被连接件钻成通孔，将螺栓穿过，然后套上垫圈，再用螺母旋紧。螺栓连接的画图步骤如图 5-12 所示。

图中 L 为螺栓长度（标准长度系列），按下面公式计算后查表确定

$$L \geqslant t_1 + t_2 + h + m + a$$

式中 t_1、t_2——被连接件厚度，由设计确定；

a——螺栓伸出螺母长度，一般 $a = 0.3d$；

h——垫圈厚度；

m——螺母厚度。

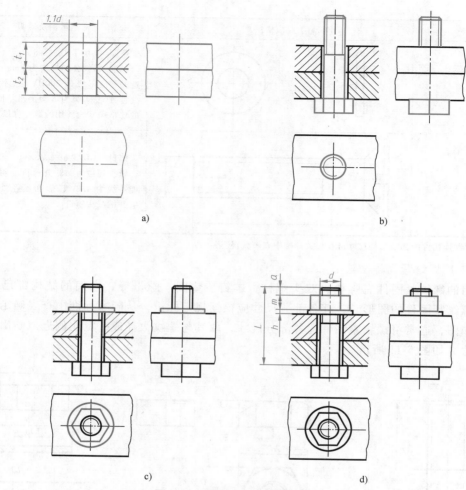

a)   b)

c)   d)

图 5-12　螺栓连接及画图步骤

（2）双头螺柱连接画法　螺柱连接适用于被连接件之一较厚，不易钻通孔的情况。通常将较薄的零件加工出通孔，较厚的零件加工成不通的螺孔。装配时，将螺柱旋入端 b_m（螺纹较短端）全部旋入，再将带通孔零件穿过螺柱的另一端（紧固端），最后套上垫圈拧紧螺母，将两个零件连接起来，如图 5-13 所示。

图 5-13 中弹簧垫圈的直径 $D = 1.5d$，开口槽宽 $m_1 = 0.1d$。螺柱旋入端长度 b_m 与旋入零件的材料有关，见表 5-3。

表 5-3　螺柱旋入端长度

螺孔件材料	旋入端长度 b_m	标准编号
不锈钢	$b_m = d$	GB 897—1988
	$b_m = 1.25d$	GB 898—1988
	$b_m = 1.5d$	GB 899—1988
	$b_m = 2d$	GB 900—1988

注：表中 d 是螺柱螺纹直径。

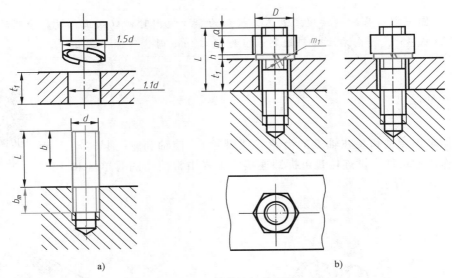

图 5-13　螺柱连接的画法

提示：画双头螺柱连接时，应注意以下几点：旋入端的螺纹终止线应与两被连接件的接触面平齐，表示旋入端已经拧紧；螺孔深度约等于 $b_m+0.5d$，钻孔深度约等于 b_m+d；弹簧垫圈开口方向与水平成 $75°$，并向左上倾斜绘制。其他部位的画法与螺栓连接画法相同。

（3）螺钉连接画法　螺钉连接用来连接一个较薄、另一个较厚的零件，常用于受力不大并不经常拆卸的场合，如图 5-14 所示。装配时，将螺钉杆部穿过一个零件的通孔，旋入另一个零件的螺孔内并拧紧，将两个零件紧固在一起。

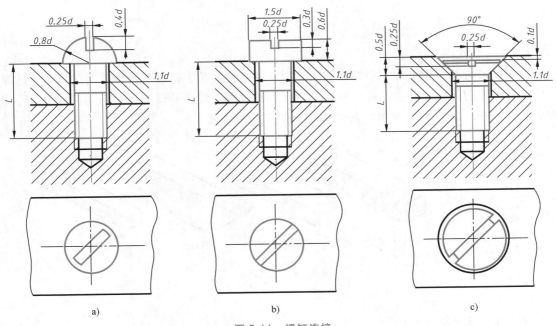

图 5-14　螺钉连接

提示：图中螺钉头的槽按规定表达，投影为非圆视图时槽口画正，投影为圆的视图画成与水平线成45°，并向右上倾斜绘制；当槽宽≤2mm时，可涂黑表示。

5.2 键连接

10. 键连接

键是用来连接轴和装在轴上的齿轮（或带轮），使轴和轮一起转动，起传递转矩作用的机件，键连接是可拆卸连接。工程中常使用的有单键和花键两类，如图5-15所示。

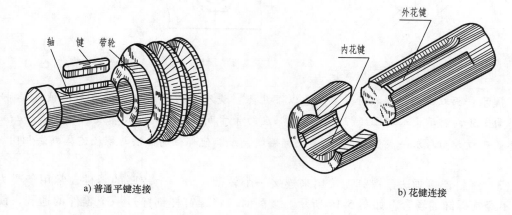

a) 普通平键连接   b) 花键连接

图 5-15 键连接

5.2.1 单键的种类及标记

1. 常用单键的种类

常用的单键有普通平键、半圆键和钩头型楔键三种。其中普通平键由于制造简单，拆卸方便，轮与轴的同轴度好，在各种机械上得到广泛应用。普通平键按形状不同又分A型、B型、C型三种，如图5-16所示。其中A型平键应用最普遍。

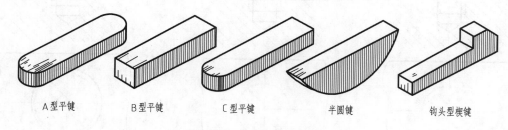

A型平键   B型平键   C型平键   半圆键   钩头型楔键

图 5-16 常用单键

2. 键的标记

键的规定标记见表5-4。

表 5-4　键的规定标记

键的标记	图例及尺寸	说明
GB/T 1096　键 8×7×25		尺寸规格为 $b = 8$mm、$h = 7$mm、$L = 25$mm、圆头普通平键（A 型），国标号 GB/T 1096—2003
GB/T 1096　键 8×7×25		尺寸规格为 $b = 8$mm、$h = 7$mm、$L = 25$mm、平头普通平键（B 型），国标号 GB/T 1096—2003
GB/T 1099.1　键 6×10×25		尺寸规格为 $b = 6$mm、$h = 10$mm、$D = 25$mm、半圆键，国标号 GB/T 1099.1—2003
GB/T 1565　键 18×100		尺寸规格为 $b = 18$mm、$L = 100$mm、钩头型楔键，国标号 GB/T 1565—2003

注：键的其他结构尺寸可在相关标准中查表获得。

5.2.2　单键连接的画法及标注

1. 键槽的画法和尺寸标注

图 5-17 所示为零件图中键槽的一般表示方法和尺寸注法，其中轴的键槽深是根据 $d-t$ 确定的；轮上的键槽深是根据 $d+t_1$ 确定的。键槽宽度等于键的宽度 b。t、t_1 和 b 按照轴径 d 可在相关标准中查表获得，键的长度 $L \leqslant$ 轮毂长度 B，并取标准系列值。

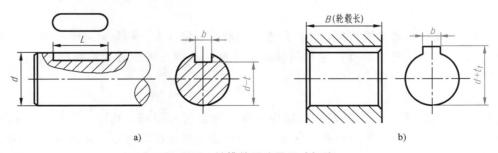

a)　　　　　　　　　　　　　　　　b)

图 5-17　键槽的画法及尺寸标注

2. 键连接的画法

图 5-18 所示为普通平键连接的画法。键的两侧面及底面分别与相应的键槽两侧面及轴上键槽底面相接触，画一条线。而键与毂的键槽在顶面不接触，应画两条线。沿键的纵向对称平面剖切时，键按不剖处理。

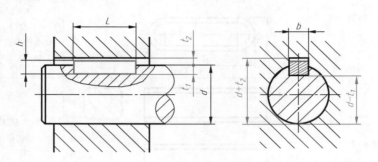

图 5-18　普通平键连接的画法

半圆键和钩头型楔键的连接画法及尺寸标注见表 5-5。

表 5-5　半圆键和钩头型楔键的连接画法及尺寸标注

名称	连接画法和标注	说明
半圆键	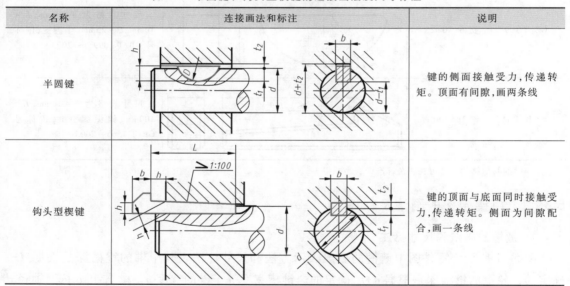	键的侧面接触受力，传递转矩。顶面有间隙，画两条线
钩头型楔键		键的顶面与底面同时接触受力，传递转矩。侧面为间隙配合，画一条线

5.2.3　花键连接

花键连接又称为多槽键连接，特点是键和键槽的数量较多，轴和键制成一体。主要应用在载荷大、定心精度要求高及齿轮轴向移动的连接。花键按齿形分矩形花键、渐开线花键等，其中矩形花键应用较为广泛。

1. 花键的画法及标记

（1）花键的画法　花键的表达以标注为准，画法与齿轮基本相同，齿顶圆画粗实线，齿根圆画细实线，不能省略，花键的断面图可以画出一组花键的齿形，其他省略，如图 5-19 所示。

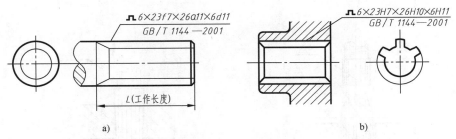

图 5-19　花键的画法

（2）花键的代号　花键的代号由花键符号和花键的尺寸规格组成；

| 花键类型代号 | 键数 | × | 小径及公差 | × | 大径及公差 | × | 键宽及公差 | 标准编号 |

其中各项之间用"×"符号连接，基本偏差代号用字母表示，小写表示外花键，大写表示内花键。

【例5-2】　解释花键的标记：键 $\llcorner$ 6×23 f7×26 a11×6d11 GB/T 1144—2001

GB/T 1144—2001 是花键的标准号；$\llcorner$ 6 表示花键类型为矩形花键，花键的键数 $N=6$；23 f7 表示花键的小径 $d=23\text{mm}$，公差带为 f7；26 a11 表示花键的大径 $D=26\text{mm}$，公差带为 a11，6 d11 表示花键的键宽 $B=6\text{mm}$，公差带为 d11；公差带（基本偏差）代号为小写字母，表示为外花键。

2. 花键连接的画法及标记

花键连接的规定画法及标记如图 5-20 所示。

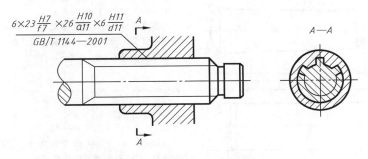

图 5-20　花键连接的画法及标记

5.3　销连接

销连接是工程上广泛应用的可拆卸连接，常用的销有圆柱销、圆锥销、开口销三种，主要用于零件之间的定位或连接，开口销常用在螺纹连接中，防止螺母松脱。

5.3.1　销的分类及标记

1. 圆锥销孔的加工方法

了解销的分类、标记和销孔的加工方法与过程，对今后的画图很有必要。圆锥销一般标注小径。销孔的加工方法如图 5-21 所示。

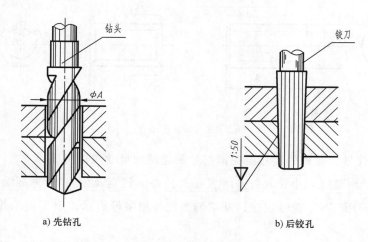

a) 先钻孔　　　　　　　　　　　　b) 后铰孔

图 5-21　销孔的加工方法

2. 销的标记

销的尺寸可在相关标准中查取获得。常见销的标记及说明，见表 5-6。

表 5-6　常见销及销的标记

名称	图例	标记示例
圆锥销		销 GB/T 117　10×100 公称直径 $d=10$mm、公称长度 $l=100$mm、材料为 35 钢、热处理硬度 28～38HRC、表面氧化处理的 A 型圆锥销 圆锥销的公称尺寸是指小端直径
圆柱销		销 GB/T 119.1　10 m6×80 公称直径 $d=10$mm、公差带为 m6、公称长度 $l=80$mm、材料为钢、不经表面处理的圆柱销
开口销		销 GB/T 91　4×20 公称直径 $d=4$mm（指销孔直径）、公称长度 $l=20$mm、材料为低碳钢，不经表面处理的开口销

5.3.2　销连接的画法

　　销在用于定位时，装配精度较高，一般在装配后统一加工，先钻孔后铰孔，孔的尺寸及精度靠刀具保证。销连接的画法如图 5-22 所示。

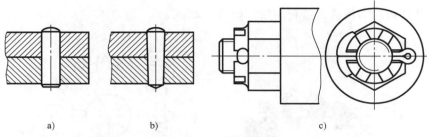

a)　　　　b)　　　　c)

图 5-22　销连接的画法

5.4　齿轮

齿轮是传动零件，在机器中被广泛应用，齿轮的主要作用是传递动力、改变轴的运动速度和方向。常用的齿轮有圆柱齿轮，用于两平行轴间的传动；锥齿轮，用于两相交轴间的传动；蜗轮蜗杆，用于两交错轴间的传动，如图 5-23 所示。

a) 圆柱齿轮　　　　b) 锥齿轮　　　　c) 蜗轮蜗杆

图 5-23　齿轮的分类及结构

5.4.1　圆柱齿轮

齿轮的齿条分布在圆柱表面的齿轮为圆柱齿轮，按齿条方向不同分直齿，斜齿和人字齿，如图 5-24 所示。齿轮的轮齿齿廓曲线形状常见的是渐开线，也有摆线和圆弧形。

a)直齿圆柱齿轮　　　　b)斜齿圆柱齿轮　　　　c)人字齿圆柱齿轮

图 5-24　圆柱齿轮的分类及结构

1. 直齿圆柱齿轮的各部分名称和代号

以直齿圆柱齿轮为例研究齿轮参数，如图 5-25 所示。

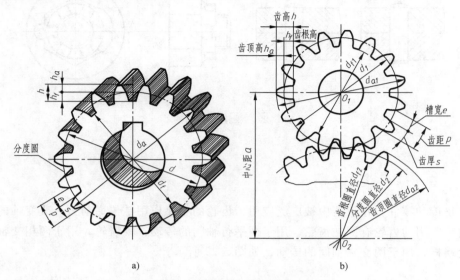

a)   b)

图 5-25   直齿圆柱齿轮的参数名称及代号

（1）齿轮直径   齿轮直径包括齿顶圆直径（d_a）、分度圆直径（d）和齿根圆直径（d_f）。

（2）齿高   齿轮的齿高包括齿顶高（h_a）、齿根高（h_f）和齿高（h），其关系公式为：

$$h = h_a + h_f$$

（3）齿距   在齿轮分度圆上，两个相邻同侧齿面的弧长，称为齿距（p）。

齿距由槽宽（e）和齿厚（s）组成，标准情况下槽宽和齿厚相等，其关系公式为：

$$s = e = p/2, \qquad p = e + s$$

（4）啮合角（压力角）   齿轮啮合时，在节点 P 处两齿廓的公法线（受力方向）与两节圆的公切线（速度方向）之间的夹角，称为啮合角（α）。标准渐开线齿轮的啮合角 $\alpha = 20°$。

（5）齿数   齿轮的轮齿的数量（z）。

（6）中心距   两啮合齿轮轴线之间的距离，称为中心距（a）。

$$a = (d_1 + d_2)/2$$

式中 d_1、d_2——齿轮 1、齿轮 2 的分度圆直径。

（7）模数   齿轮模数是齿轮的主要参数，设计和画图时齿轮所有参数都是由模数确定的，因此，一定清楚其含义及计算。齿轮分度圆的圆周长为

$$\pi d = zp$$

则分度圆直径

$$d = (p/\pi)z$$

设计和画图时 z、d 为整数，齿距 p 与圆周率 π 的比值，称为模数（m），即

$$m = p/\pi$$

$$d = mz$$

齿轮模数的大小就是齿轮的轮齿大小，齿轮模数是已标准化的一组数，见表 5-7。

表 5-7　渐开线圆柱齿轮标准模数（摘自 GB/T 1357—2008）　　　（单位：mm）

圆柱齿轮	第一系列	1,1.25,1.5,2,2.5,3,4,5,6,8,10,12,16,20,25,32,40
	第二系列	1.75,2.25,2.75,3.5,4.5,5.5,(6.5),7,9,11,14,18,22

注：优先选用第一系列，括号内的模数尽可能不用，本表未摘录小于 1 的模数。

直齿圆柱齿轮的模数、齿数、啮合角确定后，齿轮各部位参数的分尺寸按模数关系公式计算，见表 5-8。

表 5-8　直齿圆柱齿轮尺寸与模数的关系

名称及代号	计算公式	名称及代号	计算公式
模数 m	$m=d/z$（在表 5-7 中取标准值）	分度圆直径 d	$d=mz$
齿顶高 h_a	$h_a=m$	齿顶圆直径 d_a	$d_a=d+2h_a=m(z+2)$
齿根高 h_f	$h_f=1.25m$	齿根圆直径 d_f	$d_f=d-2h_f=m(z-2.5)$
齿高 h	$h=h_a+h_f=2.25m$	中心矩 a	$a=(d_1+d_2)/2=m(z_1+z_2)/2$

2. 圆柱齿轮画法

（1）单个圆柱齿轮画法　国家标准规定，在垂直于齿轮轴线的投影面视图中，齿顶圆画粗实线，分度圆用细点画线绘制，齿根圆用细实线绘制或省略不画；在剖视图中，当剖切平面通过齿轮轴线时，轮齿按不剖绘制，齿顶圆和齿根圆用粗实线绘制，分度圆用细点画线绘制。斜齿或人字齿在图中标注出倾斜方向，如图 5-26 所示。

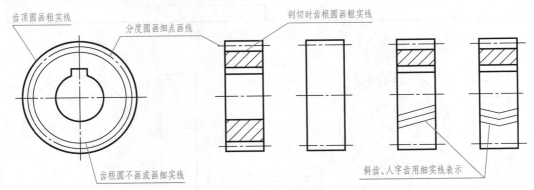

图 5-26　圆柱齿轮的画法

齿轮的零件图要在图样的右上角标注出齿轮的齿数、模数等参数，如图 5-27 所示。

（2）圆柱齿轮啮合画法　两个圆柱齿轮啮合时，在垂直于齿轮轴线的投影面视图中，分度圆用细点画线相切绘制，齿根圆省略不画，啮合区齿顶圆画粗实线或省略不画，如图 5-28 所示。

两个圆柱齿轮啮合时，在投影为非圆视图中的啮合区内，将一个齿轮的轮齿剖视图用粗实线绘制，另一个齿轮的轮齿被遮挡的部分用虚线绘制，也可省略不画。

齿顶与齿根画两条线（$0.25m$ 可夸大画出），主动齿轮齿顶用粗实线绘制，如图 5-28a 所示。

5.4.2　直齿锥齿轮简介

直齿锥齿轮用于垂直相交的两轴之间的传动，直齿锥齿轮与圆柱齿轮不同，直齿锥齿轮

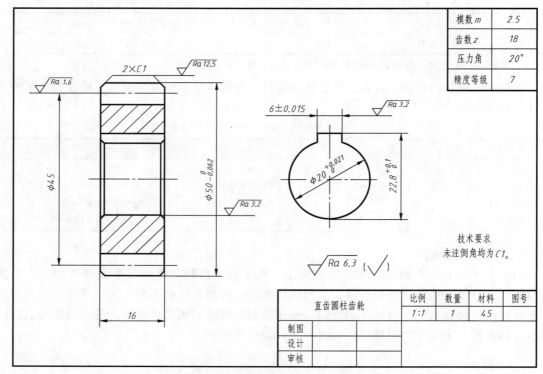

	模数 m	2.5
	齿数 z	18
	压力角	20°
	精度等级	7

直齿圆柱齿轮	比例	数量	材料	图号
	1:1	1	45	
制图				
设计				
审核				

技术要求
未注倒角均为C1。

图 5-27　直齿圆柱齿轮零件图

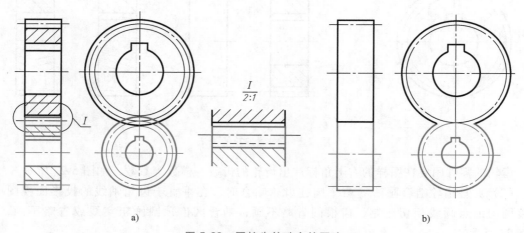

图 5-28　圆柱齿轮啮合的画法

是成对使用的。直齿锥齿轮的轮齿分布在圆锥面上，齿形从大端到小端逐渐收缩。为了便于设计和制造，国家标准规定以齿轮大端的轮齿形状参数值为直齿锥齿轮标准参数值。因此，直齿锥齿轮大端的轮齿大端面与分度圆锥垂直。

　1. 直齿锥齿轮参数及计算

　　直齿锥齿轮各部分的名称及代号如图 5-29 所示。已知一对啮合直齿锥齿轮的模数、齿数（传动比），需要计算各部分的尺寸时，可按表 5-9 中的各部分的尺寸关系公式计算。

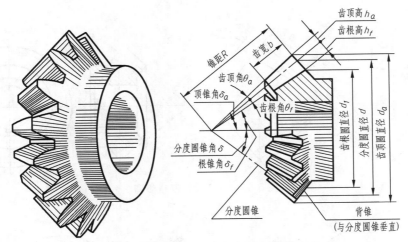

图 5-29　直齿锥齿轮的各部分的名称及代号

表 5-9　直齿锥齿轮各部分的尺寸关系公式

项目	代号	计算公式
分度圆锥角	δ_1（小轮） δ_2（大轮）	$\tan\delta_1 = z_1/z_2$　　　$\delta_2 = 90° - \delta_1$
大端分度圆直径	d	$d = mz$
大端齿顶圆直径	d_a	$d_a = m(z + 2\cos\delta)$
大端齿根圆直径	d_f	$d_f = m(z - 2.4\cos\delta)$
大端齿顶高	h_a	$h_a = m$
大端齿根高	h_f	$h_f = 1.2m$
大端齿高	h	$h = 2.2m$
锥距	R	$R = \dfrac{mz}{2\sin\delta}$
齿宽	b	$b \leqslant \dfrac{R}{3}$
齿顶角	θ_a	$\tan\theta_a = 2\sin\delta/z$
齿根角	θ_f	$\tan\theta_f = 2.4\sin\delta/z$
顶锥角	δ_a	$\delta_a = \delta + \theta_a$
根锥角	δ_f	$\delta_f = \delta - \theta_f$

2. 直齿锥齿轮

直齿锥齿轮的画法与圆柱齿轮的画法基本相同。因为，直齿锥齿轮是成对使用的，其轴线相互垂直，一旦一个直齿锥齿轮的尺寸（图形）确定，另一个直齿锥齿轮的尺寸（图形）也确定。所以，单个直齿锥齿轮的图样是啮合时图形的一部分，如图 5-30、图 5-31 所示。

5.4.3　蜗轮与蜗杆简介

蜗轮与蜗杆常用于两轴垂直交叉的传动，蜗杆是主动件，蜗轮是从动件，可获得较大的传动比。蜗杆的形状与螺纹相似，其齿数也称为头数，常用的头数为 1~4。

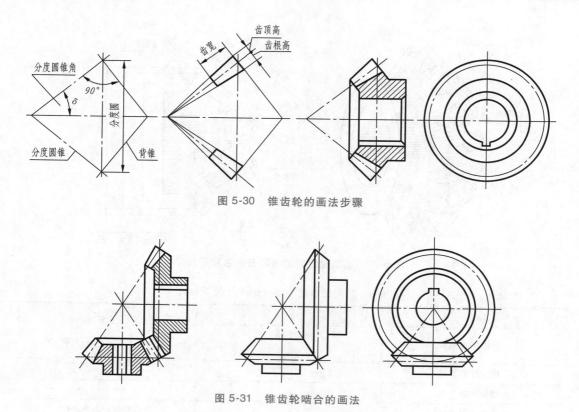

图 5-30　锥齿轮的画法步骤

图 5-31　锥齿轮啮合的画法

1. 蜗轮与蜗杆的参数及画法

蜗轮与蜗杆的基本参数及计算公式可查相关国家标准，画图尺寸可以通过计算公式算出。蜗轮和蜗杆的画法与齿轮的画法基本相同；蜗轮的齿形成弧形并与蜗杆吻合，分度圆与蜗杆的分度圆相同，如图 5-32～图 5-34 所示。

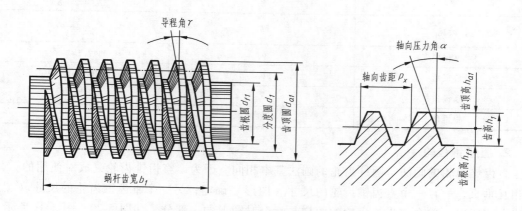

图 5-32　蜗杆的参数及代号

2. 蜗轮蜗杆啮合的画法

蜗轮与蜗杆啮合时的画法与齿轮啮合时的画法基本相同，保证分度圆相切，齿根圆投影可不画，如图 5-35 所示。

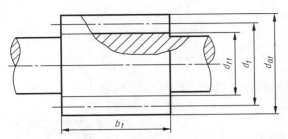
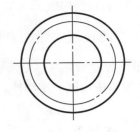

图 5-33　蜗杆的画法

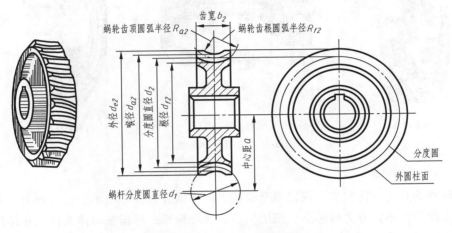

图 5-34　蜗轮的参数及代号

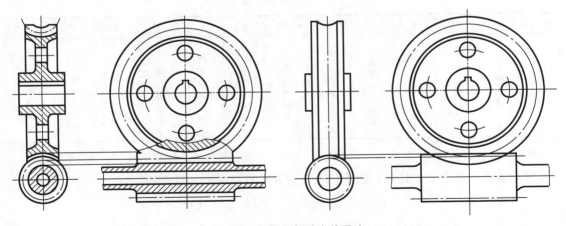

图 5-35　蜗轮蜗杆啮合的画法

5.5　滚动轴承

　　轴承是在机器设备中支承轴转动的零件，轴承分为滑动轴承和滚动轴承。带有滚动体的轴承，称为滚动轴承。滚动轴承是标准件，由于其结构紧凑、摩擦阻力小、寿命长，所以在现代工业中被广泛使用。

5.5.1 滚动轴承的结构及代号

1. 滚动轴承的结构

滚动轴承由内圈、滚动体、保持架和外圈组成，如图 5-36 所示。

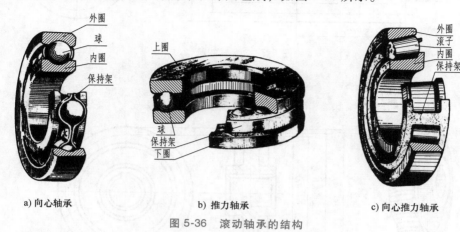

a) 向心轴承　　　　　　　b) 推力轴承　　　　　　　c) 向心推力轴承

图 5-36　滚动轴承的结构

2. 滚动轴承的分类

滚动轴承的分类方法很多，根据承受载荷方向不同分为向心轴承、推力轴承、向心推力轴承；根据滚动体不同分为球轴承、滚子轴承、滚针轴承；根据滚动体的排列和结构不同分为单列、双列和轻、重、宽、窄系列轴承等。滚动轴承的类型代号见表 5-10。

表 5-10　滚动轴承的类型代号

代号	0	1	2	3	4	5	6	7	8	N	U	QJ
轴承类型	双列角接触球轴承	调心球轴承	调心滚子轴承	圆锥滚子轴承	双列深沟球轴承	推力球轴承	深沟球轴承	角接触球轴承	推力圆柱滚子轴承	圆柱滚子轴承	外球面球轴承	四点接触球轴承

3. 滚动轴承的代号

滚动轴承代号由基本代号、前置代号和后置代号构成，其形式如下：

$$\boxed{前置代号}　\boxed{基本代号}　\boxed{后置代号}$$

（1）基本代号　基本代号表示滚动轴承的基本类型，它由轴承的类型代号、尺寸系列代号、内径代号构成。

滚动轴承的基本代号举例：

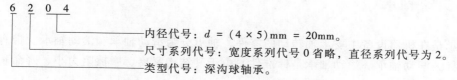

内径代号：$d = (4 \times 5)\text{mm} = 20\text{mm}$。

尺寸系列代号：宽度系列代号 0 省略，直径系列代号为 2。

类型代号：深沟球轴承。

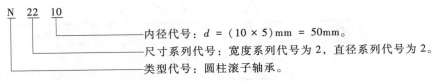

内径代号：$d = (10 \times 5)\text{mm} = 50\text{mm}$。

尺寸系列代号：宽度系列代号为2，直径系列代号为2。

类型代号：圆柱滚子轴承。

表示公称内径的内径代号，一般用两位数字表示，见表5-11。

表5-11　内径代号及示例

内径代号	轴承公称内径	示　　例
00、01、02、03	10、12、15、17	轴承代号6201——深沟球轴承,公称内径12mm
04~96	代号×5（22、28、32除外）	轴承代号6208——深沟球轴承,公称内径（8×5）mm
7~9（深沟球轴承和角接触球轴承），22、28、32、≥500	用公称内径的数值直接表示/代号	轴承代号62/22——深沟球轴承,公称内径22mm

（2）前置代号和后置代号　前置代号用字母表示，后置代号用字母或字母加数字表示。前、后置代号是轴承在结构、形状、尺寸、公差、技术要求等有变化时，起标注说明作用的。

如：

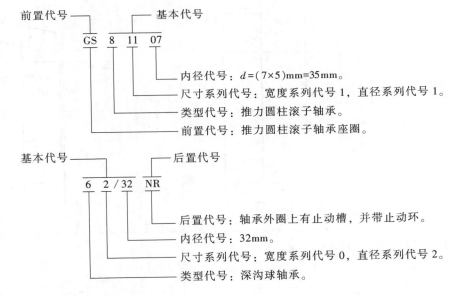

前置代号

基本代号

GS　8　11　07

内径代号：$d = (7 \times 5)\text{mm} = 35\text{mm}$。

尺寸系列代号：宽度系列代号1，直径系列代号1。

类型代号：推力圆柱滚子轴承。

前置代号：推力圆柱滚子轴承座圈。

基本代号

后置代号

6　2／32　NR

后置代号：轴承外圈上有止动槽，并带止动环。

内径代号：32mm。

尺寸系列代号：宽度系列代号0，直径系列代号2。

类型代号：深沟球轴承。

5.5.2　滚动轴承的画法

1. 滚动轴承的画法

在画滚动轴承时，先从滚动轴承的相关标准中查出主要尺寸参数，根据主要尺寸参数，按规定画法进行绘制。常用的滚动轴承有深沟球轴承、圆锥滚子轴承和推力球轴承三种，下面重点介绍这三种常用轴承的画法，见表5-12。

2. 滚动轴承在装配图中的画法

滚动轴承在装配图中的画法有两种，一种是需要详细表达结构时，滚动轴承可按规定画法表达，另一侧可画成特征画法，如图5-37a所示；另一种是只需简单表达时，采用特征画法表达，如图5-37b所示。

表 5-12 滚动轴承的规定画法及特征画法

名称和标准号	主要参数	特征画法	规定画法
深沟球轴承 GB/T 276—2013	D d B		
圆锥滚子轴承 GB/T 297—2015	D d B T C		
推力球轴承 GB/T 301—2015	D d T		

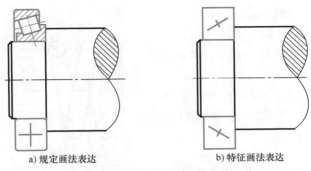

a) 规定画法表达　　　　　b) 特征画法表达

图 5-37　滚动轴承在装配图中的画法

5.6　弹簧

弹簧是一种能起到减振、储能、夹紧、复位功能的零件，种类多用途广，如图 5-38 所示。

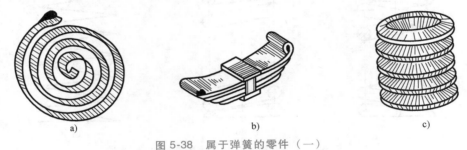

a)　　　　　　　　b)　　　　　　　　c)

图 5-38　属于弹簧的零件（一）

5.6.1　圆柱螺旋压缩弹簧的分类及基本参数

1. 圆柱螺旋压缩弹簧的分类

圆柱螺旋压缩弹簧根据承受力的方向不同可分为压缩弹簧、拉力弹簧和扭力弹簧三种，如图 5-39 所示。

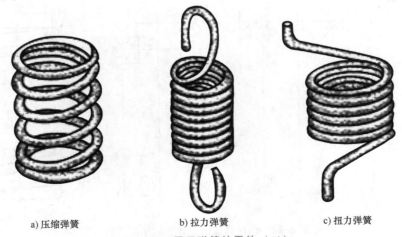

a) 压缩弹簧　　　　b) 拉力弹簧　　　　c) 扭力弹簧

图 5-39　属于弹簧的零件（二）

2. 圆柱螺旋压缩弹簧的基本参数

1）弹簧丝直径：弹簧钢丝直径（d）。

2）弹簧直径：弹簧外径（D_2）、弹簧内径（D_1）、弹簧中径（D）。

3）节距：除支承圈外，相邻两圈的距离（t）。

4）自由高度：弹簧在不受力时的高度（H_0），如图 5-40 所示。

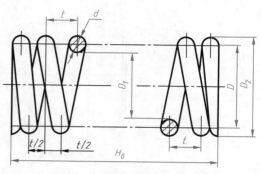

图 5-40　圆柱螺旋压缩弹簧的基本参数

5.6.2　圆柱螺旋压缩弹簧的规定画法

1. 圆柱螺旋压缩弹簧的规定画法分类

圆柱螺旋压缩弹簧的规定画法有三种，圆柱弹簧一般可画成右旋；画成左旋时必须标注"LH"。弹簧丝直径小于 2mm 时，采用示意图画法，如图 5-41 所示。

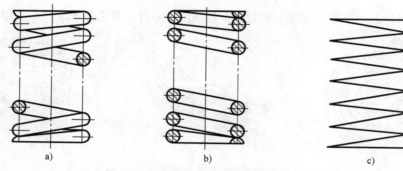

图 5-41　圆柱螺旋压缩弹簧的画法分类

2. 圆柱螺旋压缩弹簧的画图步骤

已知弹簧的弹簧丝直径 $d = 5$mm，弹簧外径 $D_2 = 42$mm，节距 $t = 11$mm，自由高度 $H_0 = 100$mm，画图步骤如下：根据弹簧中径 D（$D = D_2 - d$）和自由高度（H_0）、节距（t）和弹簧丝直径（d）绘图，如图 5-42 所示。

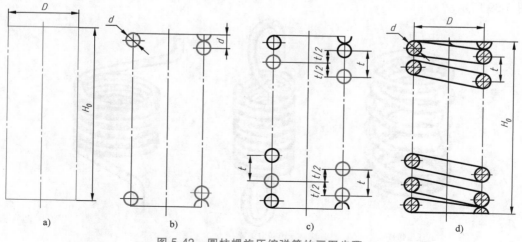

图 5-42　圆柱螺旋压缩弹簧的画图步骤

圆柱螺旋压缩弹簧的零件图如图 5-43 所示。

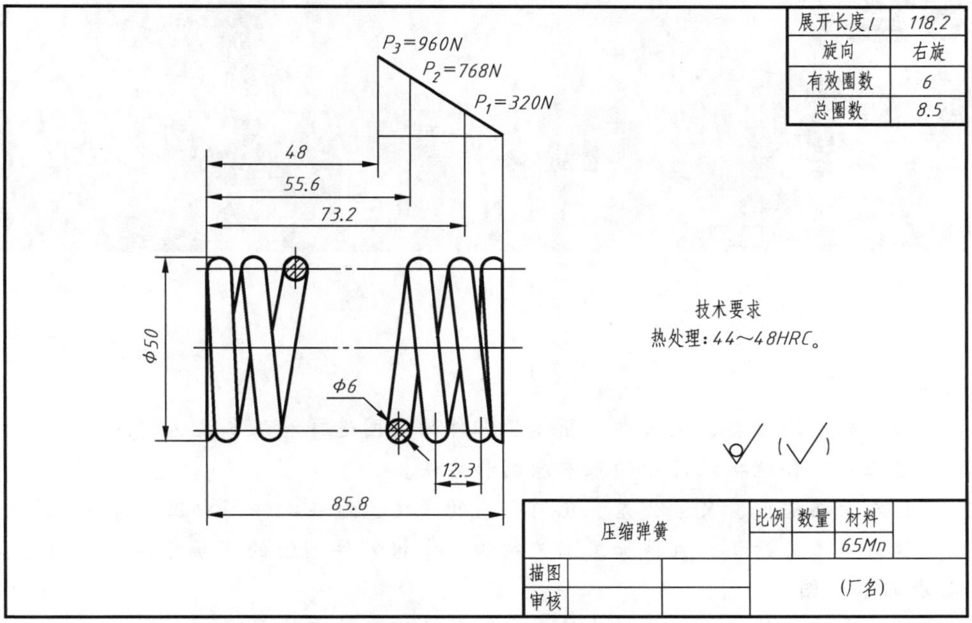

展开长度 *l*	118.2
旋向	右旋
有效圈数	6
总圈数	8.5

P_3=960N
P_2=768N
P_1=320N

48
55.6
73.2

ϕ50
ϕ6
12.3
85.8

技术要求
热处理：44～48HRC。

压缩弹簧		比例	数量	材料
				65Mn
描图				
审核				（厂名）

图 5-43　圆柱螺旋压缩弹簧的零件图

3. 装配图中圆柱螺旋压缩弹簧的画法

在装配图中圆柱螺旋压缩弹簧尽可能选用简化表达，如图 5-44 所示。

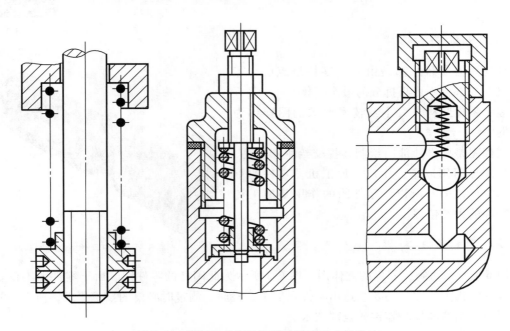

图 5-44　圆柱螺旋压缩弹簧在装配图中的表达

第6章

零 件 图

教学要求：

1）掌握轴类、轮盘类、叉架类、箱体类零件的视图选择和基本表达方法。

2）掌握正确、合理标注尺寸的基本原则和方法。

3）了解表面粗糙度、尺寸公差、几何公差的含义，能在零件图中正确标注。

4）了解铸造工艺结构、机械加工工艺结构，掌握零件测绘的正确方法，能够绘制出符合生产要求的零件图。

5）掌握读零件图的基本方法，能读懂中等复杂程度的零件图。

6.1　零件图的作用和内容

11.零件图的
作用和内容

6.1.1　零件图的作用

　　任何机器或部件都是由若干零件组成的，零件是机器或部件不可再拆分的最小个体。

　　表示零件结构、大小及技术要求的图样称为零件图。

　　零件图是由设计部门绘制，提交给生产部门，再由生产部门用以指导生产、加工机器零件的重要技术文件之一。所以，零件图的作用是加工和检验零件的主要依据。

6.1.2　零件图的内容

图 6-1　阀杆零件立体图

　　图 6-1 所示为阀杆零件的立体图，图 6-2 所示为此阀杆的零件图。由于零件图不仅要表达零件的结构、尺寸，还要表达出零件在加工、检验、测量时必要的技术要求，所以，零件图必须包含制造和检验零件的全部技术资料。

　　零件图的内容：

　　（1）一组视图　用一组视图（包括基本视图、剖视图、断面图、局部放大图）简明、

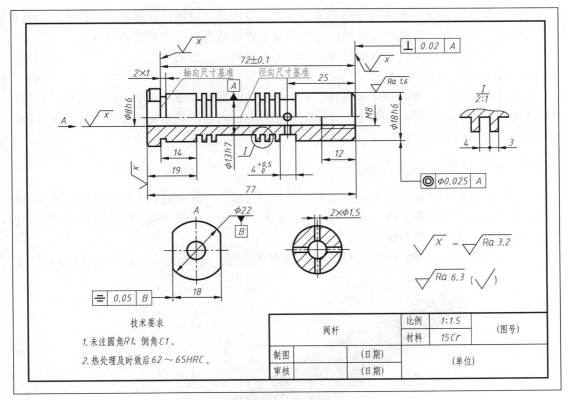

图 6-2 阀杆零件图

完整、清晰地将零件的形状、结构表达清楚。图 6-2 采用主视图（半剖视图）、A 向视图、移出断面图及一个局部放大图，来完整地表达阀体的内、外结构。

（2）完整的尺寸 在零件图上标注尺寸，不仅要求标注得正确、完整、清晰，而且要注重合理性；不仅要满足机构设计的意图，还要便于生产和检验。

（3）技术要求 用规定的符号、代号、字母、数字和文字在零件图上简明地说明零件在制造、检验时应达到的各项技术要求。零件图上常见的技术要求包括表面粗糙度、尺寸公差、几何公差、材料以及热处理等。

（4）标题栏 按国家标准规定，标题栏绘制在图框的右下角。填写的内容主要有零件的名称、材料、绘图比例、零件数量、图样代号，以及设计人、审核人、批准人的姓名和日期等。

6.2 零件图的视图选择

6.2.1 视图选择的原则

零件图的视图选择就是根据零件的结构特点，采用恰当的基本视图、剖视图、断面图等表达方法准确、完整、简洁地将零件结构形状表达出来。

1. 主视图的选择

主视图是零件图的表达核心，一般采用零件的加工位置，即零件在机床上主要加工工序

微课 5. 零件图的
视图选择及
尺寸标注

中的装夹位置进行绘制。有些零件加工工序较多，零件的主视图可以选择工作位置，即零件在产品中的工作位置。选择主视图时，还应尽量考虑表达零件的主要结构特征。

主视图方向选定后，再根据零件结构确定主视图的表达方法。

2. 其他视图的选择

在主视图确定后，根据零件尚未表达和未能表达清楚的部分，进一步选择其他恰当的视图。其他视图选择的原则是，每个视图要有独立的表达内容；优选基本位置视图；尽可能采用局部视图及简化表达方法。

6.2.2 轴套类零件的视图选择

轴套类零件主要在车床、磨床上加工，主要分为轴、套筒和衬套。在机器中，轴类零件上一般套有齿轮、带轮等零件。轴起到支承传动件和传递动力的作用。套类零件中空，套在轴上，起轴向定位或连接等作用。

以图 6-3 所示的轴立体图和图 6-4 所示的轴零件图为例，分析轴套类零件的结构及表达方法。

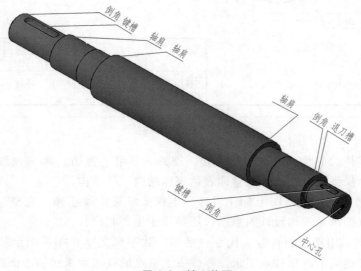

图 6-3　轴立体图

轴套类零件的结构特点为，形体较简单，一般是由同轴的回转体组成；轴类零件的轴向尺寸大于径向尺寸，套类零件中空；由于工艺设计需要，轴类零件上沿轴线方向通常设有倒角、键槽、轴肩、螺纹、退刀槽、砂轮越程槽、销孔、挡油槽、中心孔等结构。如图 6-4 所示，由左至右设有中心孔、倒角、键槽、轴肩、倒角、轴肩、轴肩、倒角、退刀槽、键槽、倒角、中心孔。

轴套类零件的表达方法如下：

1）由于此类零件主要的加工工序在车床或磨床上，为便于加工时对照零件，轴套类零件的主视图应选择其加工位置，即轴线应水平放置。

2）轴类零件一般为实心杆件，因此主视图一般不选全剖或半剖表达，而是选择视图表达。套类零件是中空件，因此主视图一般选全剖或半剖视图表达。当零件上有键槽、凹坑、小孔时，主视图可根据情况选择局部剖视图。如图 6-4 所示，主视图选择多处局部剖视图，

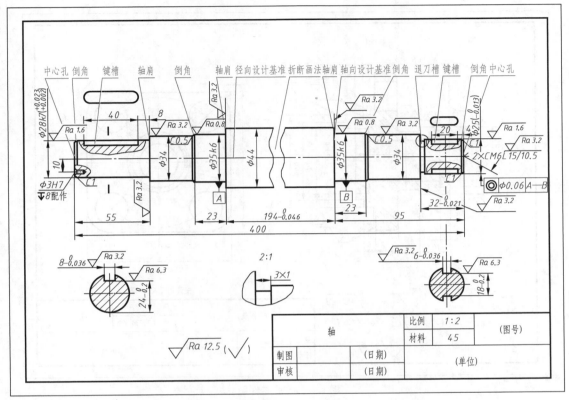

图 6-4 轴零件图

表达键槽和小孔。

3）此类零件一般省去俯视图和左视图，以免表达重复。

4）对于零件上的键槽、销孔等结构，可采用移出断面图表达。

5）当零件上还有一些细小局部的结构按原图比例无法表达清楚时，可以用局部放大图来表达。图 6-4 中的以 2 : 1 比例绘制的局部放大图用来表达退刀槽的结构和尺寸。

6.2.3 轮盘类零件的视图选择

轮盘类零件一般需要车、磨、铣、钻多道工序加工，主要包括手轮、齿轮、带轮、法兰盘、端盖、压盖等。在机器中，轮类零件一般通过键、销与轴连接，起到传递转矩的作用；盘类零件一般通过螺纹连接件与箱体连接，主要起连接、密封、支承及轴向定位的作用。

现以图 6-5 所示的阀盖立体图和图 6-6 所示的阀盖零件图为例，分析轮盘类零件的结构及表达方法。

轮盘类零件的结构特点为，轮盘类零件与轴套类零件结构类似，大多也由同轴回转体组成，但一般轴向尺寸小于径向尺寸，也有部分断面结构为方形；轮类零件一般由轮缘、轮辐及轮毂三部分组成，轮毂部分有键槽；盘类零件上常均布安装孔、肋板等，有时中间有通孔，如图 6-5 所示。

图 6-5 阀盖立体图

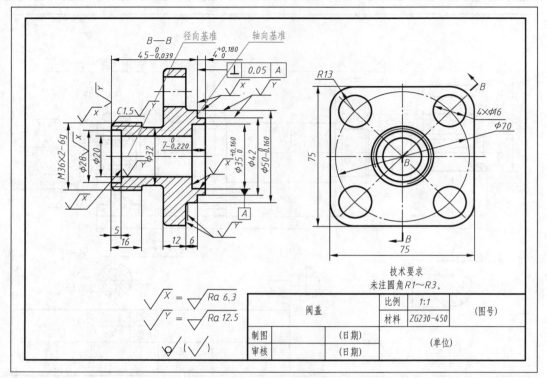

图 6-6　阀盖零件图

轮盘类零件的表达方法如下：

1）由于此类零件主要在车床或磨床上加工，为便于加工时对照零件，轮盘类零件的主视图应选择其加工位置，即轴线应水平放置。

2）此类零件一般为中空件，因此主视图一般选全剖或半剖表达。如图 6-6 所示，主视图选择全剖表达。

3）此类零件一般不画俯视图，但由于需要表达安装孔等结构，需要绘制左视图。

4）有时零件上有细小结构，还需根据情况采用局部视图、局部剖视图、局部放大图、断面图来表达尚未表达清楚的结构。

6.2.4　叉架类零件的视图选择

叉架类零件的毛坯多为铸造或锻造件，由于其结构多样，常采用多种工序加工，加工位置多次变化。叉架类零件一般包括拨叉、连杆、支架、支座等，拨叉主要用于各种机器的操纵机构，起操纵或调速作用；支架主要起支承和连接作用。

以图 6-7 所示的支架立体图和图 6-8 所示的支架零件图为例，分析叉架类零件的结构及表达方法。

叉架类零件的结构特点为，形状结构较复杂，一般分为支承部分、连接部分和工作部分。其中连接部分常为弯曲或倾斜机构，并且多有肋板起辅助支承作用。支承部分和工作部分的结构细节也较复杂，常有圆孔、沉孔、螺孔、油槽、油孔、凹坑、凸台等。图 6-7 所示支架的下部为支承部分，有两个长圆形安装孔；上部为工作部分，中间有圆孔，上面有凸台及螺孔；中间是连接部分，其弧面有渐变的肋板。

图 6-7　支架立体图

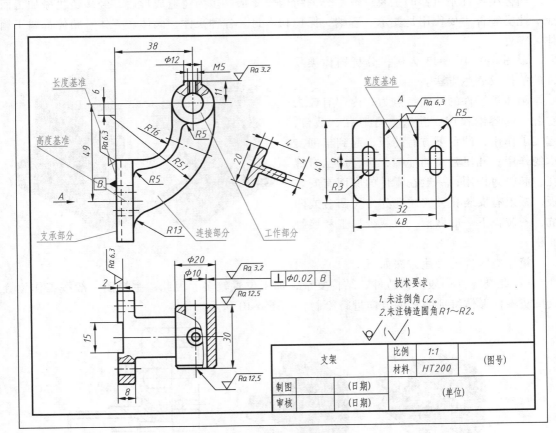

图 6-8　支架零件图

叉架类零件的表达方法如下：

1）由于此类零件加工工序较多，加工位置无法确定主次，因此，在选择主视图时应综合考虑工作位置和形状特征。如图 6-8 所示，主视图形状特征明显，能清晰地分清三个组成部分。

2）此类零件一般在支承部分或工作部分有内部结构，中间是实心肋板，因此主视图往往采用局部剖视图表达。如图 6-8 所示，主视图的上半部选择了局部剖视图表达凸台和螺孔。

3）由于此类零件支承部分和工作部分结构较复杂，一般可根据需要再选择 1~2 个基本视图或局部视图，以表达零件的主体结构。如图 6-8 所示，俯视图表达了支承部分、连接部分和工作部分的位置关系，及工作部分的通孔和凸台。

4）当零件上有一些局部结构需要进一步表达时，可采用局部视图、局部剖视图和向视图。如图 6-8 所示，用 A 向视图表达安装板的形状及安装孔的形状和位置。

5）此类零件的连接部分往往是渐变结构或有肋板的结构，需用断面图来表达。如图 6-8 所示，用移出断面图表达连接板的形状。

6.2.5 箱体类零件的视图选择

箱体类零件是机器的主要组成部分，结构较复杂，多为铸造成形后，经多道机械加工而成。此类零件主要作用是支承、容纳、保护和密封。各种泵体、阀体、壳体、箱体都属于箱体类零件。

以图 6-9~图 6-13 为例，分析箱体类零件的结构及表达方法。

箱体类零件的结构特点为，内部有较大空腔，起容纳作用；腔壁上有通孔、凸台，起支承作用；凸台下方有肋板，起到辅助支承的作用；孔里常有挡油槽，凸台周围有螺孔，起密封作用；一般在零件的底面有安装板，板上有安装孔，安装孔处多做凸台或凹坑，安装板下一般做槽，以减少加工和接触面积。

图 6-9　齿轮泵泵体立体图

箱体类零件的表达方法如下：

1）此类零件一般为铸造件，结构复杂，加工位置较多。因此，主视图一般按工作位置或反映零件形体特征明显的方向进行绘制，如图 6-10 所示。

a) 齿轮泵泵体主视图的立体图

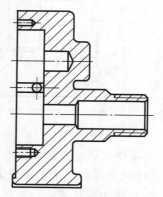

b) 主视图的全剖视图

图 6-10　齿轮泵泵体主视图

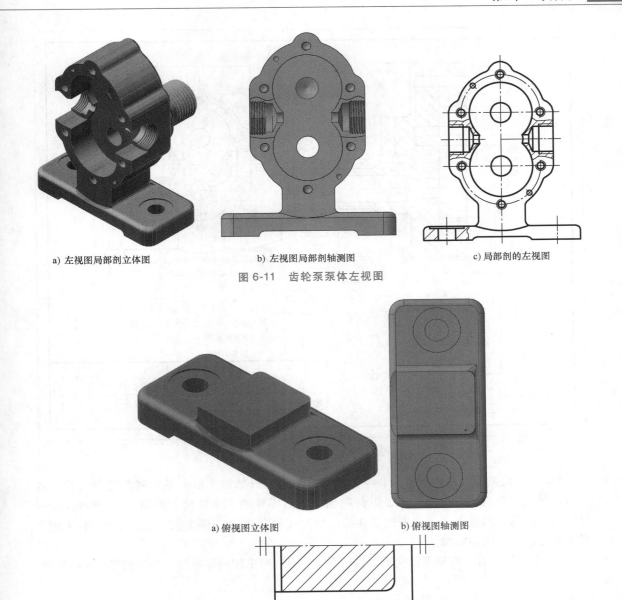

a) 左视图局部剖立体图　　　　　　b) 左视图局部剖轴测图　　　　　　c) 局部剖的左视图

图 6-11　齿轮泵泵体左视图

a) 俯视图立体图　　　　　　　　b) 俯视图轴测图

c) 俯视图

图 6-12　齿轮泵泵体俯视图

2）由于此类零件一般为中空结构，因此主视图一般选择全剖或大面积局部剖视表达。如图 6-10 所示，主视图选择了全剖，将容纳齿轮的腔体和输入轴的孔露出，上半部采用旋转剖，露出定位销孔。

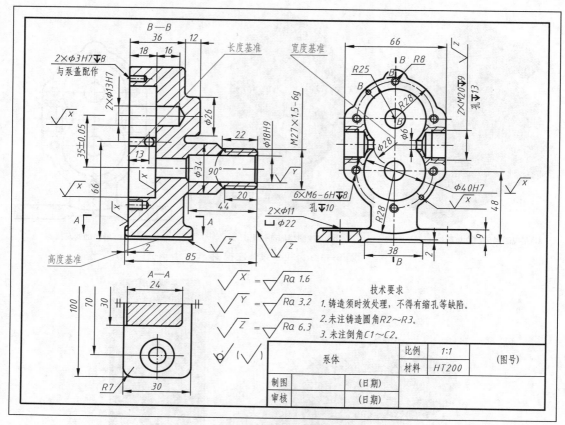

图 6-13 齿轮泵泵体零件图

3）由于此类零件结构较复杂，主体结构一般还需另加两个以上基本视图进行表达，各视图之间应保持直接的投影关系，以便明确地表达零件的主体结构。如图 6-11 所示，左视图采用三处局部剖视图，主要表达进油孔、出油孔和安装孔；俯视图为表达底板形状采用全剖视表达，并采用简化画法。

4）当零件上有一些局部结构需要进一步表达时，可采用局部视图、局部剖视图和向视图。

6.3 零件图的尺寸表达

零件图上的尺寸标注不仅要满足零件设计的意图，还要便于生产和检验。因此，零件图上的尺寸标注不仅要做到正确、完整、清晰，还要合理。合理是指所标注的尺寸既能保证设计要求，又能符合加工、测量及装配等工艺要求。

6.3.1 尺寸基准

要合理地标注尺寸，首先要恰当地选出尺寸基准，标注和度量尺寸的起点称为尺寸基准（简称基准）。

1. 基准的分类

零件的尺寸基准分两类：设计基准和工艺基准。

设计基准是设计零件在机器或部件中确定零件位置的一些面、线、点。

工艺基准是零件在加工、测量时确定零件位置的一些面、线、点。

2. 基准的选择

常用的基准有零件主要回转结构的轴线、零件的对称中心面、零件的重要支承面、装配的结合面、重要的端面。

零件在长、宽、高三个方向各有一个设计基准，而工艺基准可以有多个。工艺基准必须有尺寸与设计基准相关联。从设计基准标注尺寸时，可以满足设计要求，能保证零件的功能要求；而从工艺基准标注尺寸时，则便于零件的加工和测量。图6-14所示为零件的尺寸基准示例。

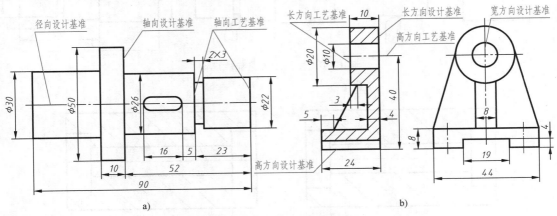

图 6-14　零件的尺寸基准示例

6.3.2　合理标注尺寸的基本要求

1. 零件的主要（重要）尺寸直接标出

零件上主要的尺寸要直接标注，便于保证加工和安装的质量。主要尺寸是指零件结构的定位尺寸、主要的孔和轴的配合尺寸、底板和筋板的厚度尺寸以及外形尺寸等。如图6-15所示，图中的 $25_{-0.020}^{-0.007}$ 和 $25_{0}^{+0.021}$ 为配合尺寸，要直接注出。

2. 按加工工艺标注尺寸

按加工（工艺）的顺序标注尺寸，有利于指导零件加工及检验，如图6-16所示。

3. 应考虑测量方便

在标注尺寸时，既要考虑设计，又要考虑方便加工和测量，尽量使标注的尺寸使用普通量具就能测量，减少专用量具的设计与制作，节省时间和成本，如图6-17所示。

4. 避免出现封闭的尺寸链

封闭的尺寸链是由首尾相接的尺寸形成一个封闭圈。如图6-18a

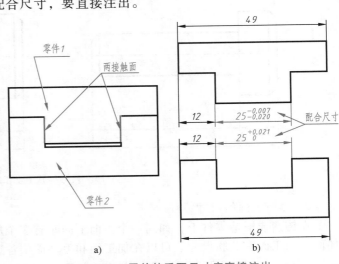

图 6-15　零件的重要尺寸应直接注出

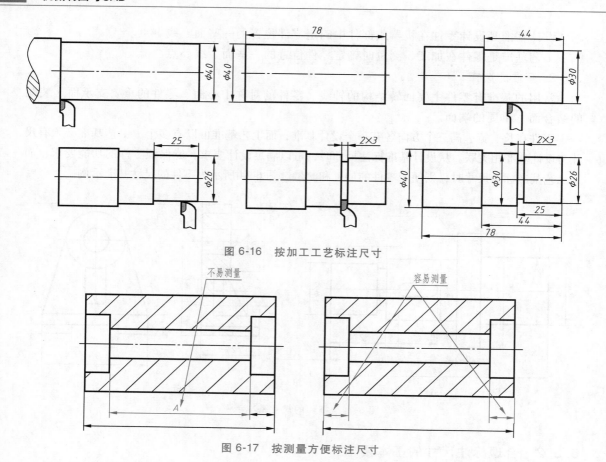

图 6-16　按加工工艺标注尺寸

图 6-17　按测量方便标注尺寸

所示，标注成封闭尺寸链。当几个尺寸形成一个封闭尺寸链时，应该在封闭尺寸链中，选一个最次要的尺寸空出不标注。正确的标注如图 6-18b 所示，将不重要的尺寸 *B* 去掉，尺寸 *A* 不受尺寸 *C* 的影响。

图 6-18　尺寸链应是开口环

5. 毛坯表面的尺寸标注

在铸造或锻造零件上，如同一个方向上同时有多个加工面和毛坯面，一般只允许一个毛坯面与加工面有关联尺寸。可以在加工面和毛坯面中各选一个面作基准，分别在视图的两边标注尺寸，再用一个尺寸将它们连起来，如图 6-19 所示。图 6-19 中的 *A* 为联系尺寸。

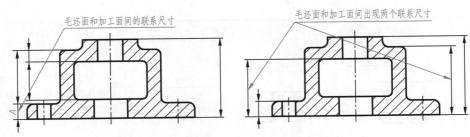

图 6-19 加工面和毛坯面间的尺寸标注

6.3.3 零件上常见结构的尺寸标注

零件上常见结构的尺寸标注见表6-1。

表 6-1 常见结构的尺寸标注

结构类型	普通注法	简化注法		说明
光孔	2×φ8 12	2×φ8▼12	2×φ8▼12	两个 φ8mm 的孔,孔深为 12mm
销锥孔	无普通注法	销锥孔φ6 配作	销锥孔φ6 配作	φ6mm 为与圆锥孔配合的圆柱销小头直径,销锥孔通常是配作加工的
沉孔	φ14 4 2×φ8	2×φ8 ⊔φ14▼4	2×φ8 ⊔φ14▼4	两个 φ8mm 的通孔,沉孔直径为 14mm,沉孔深 4mm
	90° φ13 3×φ8	3×φ8 ∨φ15×90°	3×φ8 ∨φ15×90°	三个 φ8mm 通孔,大孔直径为 15mm,沉孔锥顶角为 90°
锪孔	φ20 2×φ8	2×φ8 ⊔φ20	2×φ8 ⊔φ20	两个 φ8mm 的孔,锪平直径为 20mm

（续）

结构类型	普通注法	简化注法	说明
螺孔	3×M8-6H EQS	3×M8-6H　　3×M8-6H	三个相同的三角形普通粗牙螺纹通孔均匀分布，直径为8mm，螺纹公差带为6H
	3×M10-6H EQS　14　16	3×M10-6H▽14 孔▽16　　3×M10-6H▽14 孔▽16	三个相同的三角形普通粗牙螺孔均匀分布，孔深14mm，直径为10mm，螺纹公差带为6H，钻孔深度为16mm

6.4　零件图中的工艺结构

设计零件的结构形状，除了应考虑使用的要求，还应考虑加工制造及测量的要求。因此，无论是读图还是画图，都要对零件中常见的工艺结构进行了解。下面介绍一些零件中常见的工艺结构。

12. 零件图中的工艺结构

6.4.1　铸造零件的工艺结构

1. 铸造圆角

为了避免在浇注时金属液冲坏砂型，产生内应力及裂纹等缺陷，铸件上的两表面交角不能设计成尖角，应该做成圆角，称为铸造圆角，如图6-20所示。在零件图中要标出铸造圆角的半径，当图中圆角半径相差不大时，可将圆角半径尺寸在技术要求中统一注写。

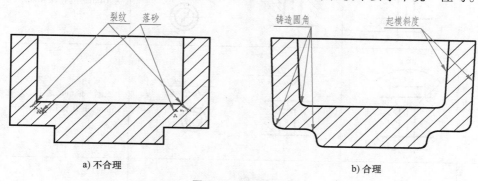

a) 不合理　　　　　　　　　　　b) 合理

图 6-20　铸造圆角

2. 起模斜度

为了在铸造时较方便地将模型从砂型中取出，沿着取模方向应有适当的斜度，这个斜度称为起模斜度，如图6-20所示。起模斜度一般为1∶20，约3°，在图样中可不画出、不标注。必要时，可在技术要求中用文字说明。

3. 铸件壁厚

铸件各处壁厚应均匀，不宜相差太大。壁厚设计需要有变化时，壁厚应由大到小逐渐过渡，以防止在铸造时，薄壁先冷却、凝固，厚壁后冷却、凝固，后凝固的部分没有足够的金属液补充而产生缩孔或裂纹等缺陷，如图 6-21 所示。

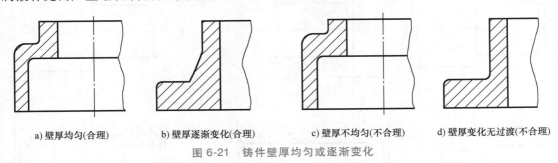

a) 壁厚均匀(合理)　　b) 壁厚逐渐变化(合理)　　c) 壁厚不均匀(不合理)　　d) 壁厚变化无过渡(不合理)

图 6-21　铸件壁厚均匀或逐渐变化

4. 过渡线

由于铸造圆角的客观存在，使两相交的表面变得圆滑过渡，不再有分界线。但若不画出分界线，零件的结构表达不清楚。因此，规定原分界线用细实线表示，但线的两端断开，这条线称为过渡线，如图 6-22 所示。

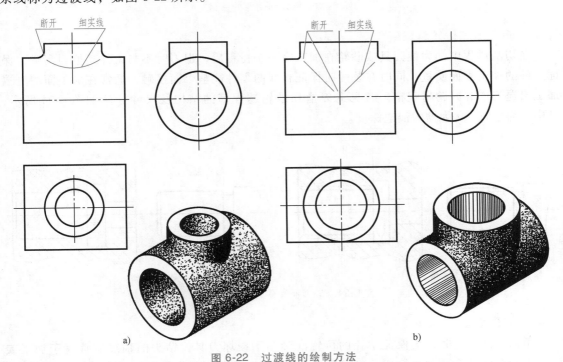

图 6-22　过渡线的绘制方法

6.4.2　机械加工工艺结构

1. 倒角和倒圆

为了便于零件的安装及保护装配面，常在轴端、孔端加工倒角。倒角一般为 45°，也可为 30°或 60°，如图 6-23a 所示。

为避免应力集中而产生裂纹，通常在轴肩、孔肩转折处加工出圆角，如图 6-23b 所示。

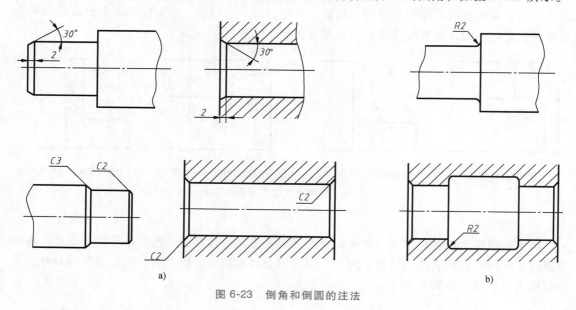

图 6-23 倒角和倒圆的注法

2. 退刀槽和砂轮越程槽

在切削过程中，为使刀具或砂轮在加工完一个行程后，退刀时不与工件其他面刮碰，保证工件的加工表面质量，同时在装配时保证相邻两零件能整个面接触，通常在加工面的里端加工出退刀槽和砂轮越程槽。常见退刀槽和砂轮越程槽的结构及尺寸标注如图 6-24 所示，其中 b 为槽宽，a 为槽的浅边深度。

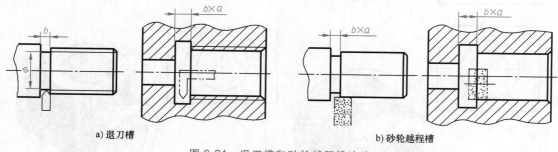

图 6-24 退刀槽和砂轮越程槽注法

3. 钻孔结构

用钻床加工孔时，为保证钻孔的位置准确和不损坏刀具，钻头的轴线应垂直于加工表面，否则会使钻头弯曲或折断。当零件表面倾斜时，应加设凸台、凹坑或先把该面铣平，如图 6-25 所示。

4. 凸台与凹坑

为了确保零件表面接触良好及减小加工面积，节省材料和刀具，常在接触部位设置凸台或凹坑，其结构和标注如图 6-26 所示。

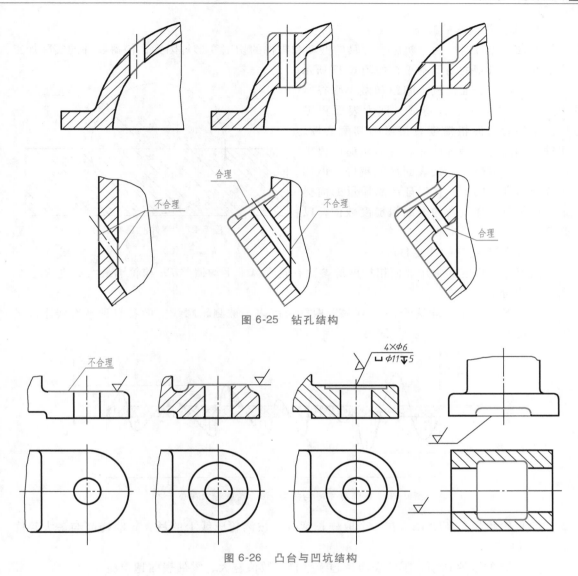

图 6-25 钻孔结构

图 6-26 凸台与凹坑结构

6.5 零件图的技术要求

微课 6. 零件图
的技术要求

在零件图中除了一组图形和尺寸标注外，为了说明加工和检验零件应达到的质量，还需在图样上注出技术要求，零件图中的技术要求主要包括表面粗糙度、尺寸公差、材料热处理和检验内容等。

本节主要介绍国家标准对表面粗糙度、尺寸公差、几何公差的有关规定。

6.5.1 表面结构的表示方法

表面结构是表面粗糙度、表面波纹度、表面缺陷、表面纹理和表面几何形状的总称。下面仅简单介绍常用的表面粗糙度的表示方法。

1. 表面粗糙度的概念

在加工零件时，由于机床、刀具的振动和零件的切削变形等因素，使得零件的实际加工表面存在着微观的高低不平，如图 6-27 所示。

零件加工表面由较小间距和微小峰谷所组成的微观几何形状特征，称为表面粗糙度。零件的表面粗糙度直接影响其耐磨性、耐蚀性和配合质量等性能。表面粗糙度要求越高，参数值越小，其表面性能越好，但加工成本越高。因此，在保证产品质量的前提下，应尽量选择较大的表面粗糙度数值，以降低成本。

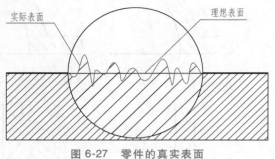

图 6-27　零件的真实表面

2. 表面粗糙度的评定参数

国家标准规定的常用表面粗糙度的参数有轮廓算术平均偏差 Ra 和轮廓最大高度 Rz，如图 6-28 所示。

（1）轮廓算术平均偏差 Ra　在一个取样长度内，被测轮廓线上的各点到基准线距离的算术平均值。

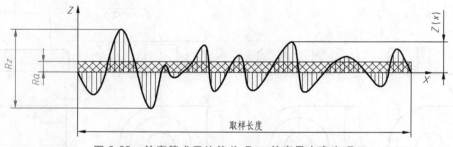

图 6-28　轮廓算术平均偏差 Ra、轮廓最大高度 Rz

（2）轮廓最大高度 Rz　在一个取样长度内，被测轮廓线上的最大轮廓峰高与最大轮廓谷深之间的距离。

Ra、Rz 的数值越小，零件表面越趋于平整；数值越大，零件表面越粗糙。

轮廓算术平均偏差 Ra 的值见表 6-2。

表 6-2　轮廓算术平均偏差 Ra 系列值　　　　　　　　　　（单位：μm）

0.012	0.025	0.05	0.10	0.20	0.40	0.80
1.6	3.2	6.3	12.5	25	50	100

3. 表面结构符号的意义及画法

表示零件表面结构的基本符号，是由两条成 60° 夹角的细实线线段组成的，如图 6-29 所示（图中 h 为字体高度）。

国家标准 GB/T 131—2006 中规定，表面粗糙度代号由规定的符号和有关参数组成，表面粗糙度符号的画法和意义见表 6-3。

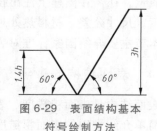

图 6-29　表面结构基本
符号绘制方法

表6-3 表面粗糙度符号的画法和意义

序号	符号	意义
1	∨	基本符号,表示表面可用任何方法获得。当不加注表面粗糙度参数值或有关说明时,仅适用于简化代号标注
2	∨	表示表面是用去除材料的方法获得,如车、铣、钻、磨
3	∨	表示表面是用不去除材料的方法获得,如铸、锻、冲压、冷轧等
4	∨ ∨ ∨	在上述三个符号的长边上可加一横线,用于标注有关参数或说明
5	∨ ∨ ∨	在上述三个符号上加一小圆,表示所有表面具有相同的表面粗糙度要求
6		a:注写表面结构的单一要求;a 和 b:注写多个表面结构要求;c:注写加工方法;d:注写表面纹理和方向;e:注写加工余量

4. 常用表面粗糙度 Ra 的数值与其对应的加工方法

常用表面粗糙度 Ra 的数值与其对应的加工方法见表6-4。

表6-4 常用表面粗糙度 Ra 的数值与其对应的加工方法

$Ra/\mu m$	表面特征	表面形状	主要加工方法	应用举例
100	粗糙	明显可见刀痕	锯削、粗车、粗铣、钻孔及粗纹锉刀和粗砂轮加工	管的端部断面和其他半成品的表面、带轮法兰盘的结合面、轴的非接触端面、倒角、铆钉孔等
50		可见刀痕		
25		微见刀痕		
12.5	半光	可见加工痕迹	精车、精铣、粗铰、粗磨、刮研	支架、箱体、离合器、轴或孔的退刀槽、量板、套筒等非配合面、齿轮非工作面、主轴的非接触外表面等
6.3		微见加工痕迹		
3.2		看不见加工痕迹		
1.6	光	可辨加工痕迹方向	精磨、精车、精铰、精拉	轴承的重要表面、齿轮轮齿的表面、普通车床导轨面、滚动轴承相配合表面、发动机曲轴、凸轮轴的工作面、活塞外表面等
0.8		微辨加工痕迹方向		
0.4		不可辨加工痕迹方向		
0.2	最光	暗光泽面	研磨光泽面加工	曲柄轴的轴颈、气门及气门座的支持表面、发动机气缸内表面、仪器导轨表面、液压传动件工作面、滚动轴承的滚道、滚动体表面、仪器的测量表面、量块的测量面等
0.1		亮光泽面		
0.05		镜状光泽面		
0.025		雾状光泽面		
0.012		镜面		

5. 在图样中的标注

在图样中,同一表面一般只标注一次表面粗糙度,并尽可能标注在反映该表面位置特征的视图上。表面粗糙度代号应标注在可见轮廓线、尺寸界限或它们的延长线上,符号的尖端必须从材料外指向表面。具体标注方法见表6-5。

表 6-5   表面结构的标注示例

序号	标注示例	说　明
1		表面结构符号、代号的标注方向与表面结构的注写和读取方向一致,字头向上、向左
2		1)表面结构符号应从材料外指向并接触表面 　　2)可以直接标注在所示表面的轮廓线上或其延长线上 　　3)可用带箭头的指引线引出标注
3		1)两相邻表面具有相同的表面结构要求时,可用带箭头的公共指引线引出标注 　　2)表面结构参数符号及其参数值(单位:μm)一律书写在完整图形符号横线下方
4		1)当从表面的轮廓内引出标注时,应将指引线的箭头改为黑点 　　2)指明表面加工方法时,应在完整图形符号的横线上方注明
5		1)零件的圆柱和棱柱表面,其表面结构要求只标注一次(见本表序号1中的铣削表面) 　　2)如果棱柱的每个表面有不同的表面结构要求,应分别单独标注

6.5.2　极限与配合

1. 零件的互换性

在机器或部件装配时，从一批规格相同的零件中任取一个，不经挑选和修配便能装配到机器上，并达到规定的使用要求，零件的这种性质称为互换性。

互换性不仅给机器的装配、维修带来方便，更提高了生产效率，降低了加工成本。

2. 公差的基本术语

（1）公称尺寸　设计时给定的尺寸，是确定偏差的起始尺寸，如图 6-30 中的 $\phi50$mm。

（2）实际尺寸　零件加工后实际测量得到的尺寸。

（3）极限尺寸　零件加工中允许零件实际尺寸变化的两个界限值。

上极限尺寸：零件实际尺寸所允许的最大值，如 ϕ（50+0.007）mm＝ϕ50.007mm。

下极限尺寸：零件实际尺寸所允许的最小值，如 ϕ（50-0.018）mm＝ϕ49.982mm。

（4）尺寸偏差（简称偏差）　某一尺寸减去公称尺寸得到的代数差。

上极限偏差＝上极限尺寸-公称尺寸＝+0.007mm。

下极限偏差＝下极限尺寸-公称尺寸＝-0.018mm。

（5）尺寸公差（简称公差）　允许尺寸的变动量，公差值永远是正值，不能为零或负值。

尺寸公差＝最大极限尺寸-最小极限尺寸＝上极限偏差-下极限偏差。

如图 6-30 所示，孔和轴的公差计算过程如下：

孔公差＝50.007mm-49.982mm＝0.025mm，或孔公差＝（+0.007）mm-（-0.018）mm＝0.025mm。

轴公差＝50mm-49.984mm＝0.016mm，或轴公差＝（0）mm-（-0.016）mm＝0.016mm。

由此可知，公差用于限制尺寸误差，它是尺寸精度的一种度量。公差值越小，其尺寸精度越高，零件实际尺寸的允许变动量也越小；反之，公差越大，零件精度越低。

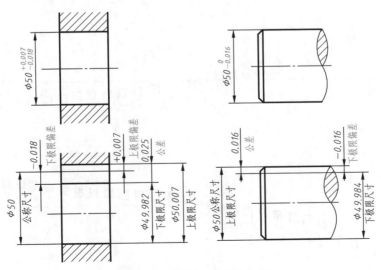

图 6-30　公差与配合的基本概念

（6）公差带和公差带图　公差带是公差极限之间（包括公差极限）的尺寸变动值。极限偏差在公称尺寸的上方为正，下方为负，等于公称尺寸为零。用长方形的高表示零件尺寸允许的变化范围（公差带），矩形的上、下边分别代表上、下极限偏差，而矩形的长度无具体意义，这样的图形称为公差带图。

例如：孔 $\phi 80^{+0.065}_{+0.020}$，轴 $\phi 80^{-0.030}_{-0.060}$，它们的公差带图如图 6-31 所示。

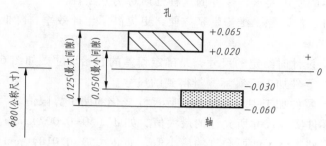

图 6-31　公差带图

3. 标准公差与基本偏差

（1）标准公差及等级　标准公差是国家标准规定的确定公差带大小的一系列公差，用"IT"表示。标准公差分为 20 个等级，即 IT01，IT0，IT1，IT2，IT3，…，IT18。公差等级由高到低，IT01 的精度最高，IT18 的精度最低。

（2）基本偏差及系列　基本偏差是指在公差带图中，确定公差带相对零线位置的极限偏差。它是上、下极限偏差中靠近零线的那个偏差，如图 6-31 所示，孔的基本偏差为 +0.020mm，轴的基本偏差为 -0.030mm。

国家标准规定了基本偏差系列，孔和轴各有 28 种基本偏差代号，用字母或字母组合表示，孔的基本偏差用大写字母表示，轴的基本偏差用小写字母表示，如图 6-32 所示。

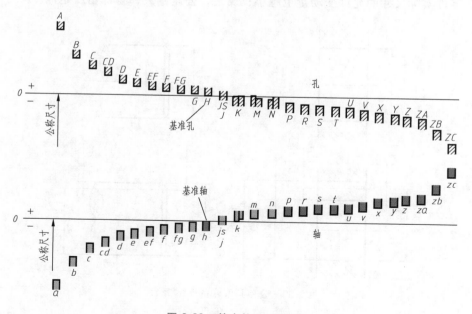

图 6-32　基本偏差系列图

（3）公差代号　尺寸的公差代号是由基本偏差代号和标准公差等级代号组成。

例如：K7——表示基本偏差代号为 K，公差等级为 7 级的孔公差代号；

　　　　h6——表示基本偏差代号为 h，公差等级为 6 级的轴公差代号。

（4）公差的查表及计算。

【例】　求 ϕ50F7 的上、下极限偏差。

解：根据 ϕ50F7 得到公称尺寸为 50mm，基本偏差代号 F，公差等级为 7。由公差等级 7 可以查表 E-1，得到公差数值为 25μm。根据 F 知道此零件为孔结构，查表 E-3，得到基本偏差为下极限偏差+25μm。

计算：　　　　　　　　公差＝上极限偏差−下极限偏差

上极限偏差＝公差+下极限偏差 = 0.025mm+0.025mm = +0.050mm

$$\phi50F7——\phi50^{+0.050}_{+0.025}$$

4. 配合的种类

相互结合的公称尺寸相同的轴和孔公差带之间的关系，称为配合。按配合性质不同可分为间隙配合、过盈配合和过渡配合。

间隙配合：孔与轴配合时，总是具有间隙，有最大间隙和最小间隙（包括最小间隙等于零）。此时，孔的公差带在轴的公差带之上，如图 6-33a 所示。

过盈配合：孔与轴配合时，总是具有过盈，有最大过盈和最小过盈（包括最小过盈等于零）。此时，孔的公差带在轴的公差带之下，如图 6-33b 所示。

过渡配合：孔与轴配合时，有时存在间隙，有时存在过盈，有最大间隙和最大过盈。此时，孔的公差带与轴的公差带相互交叠，如图 6-33c 所示。

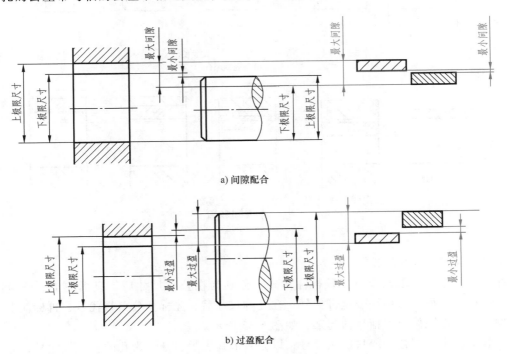

a) 间隙配合

b) 过盈配合

图 6-33　配合类型

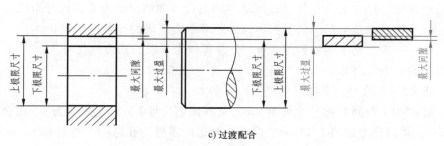

c) 过渡配合

图 6-33　配合类型（续）

5. 配合的基准制

国家标准规定了两种配合制度，分别为基孔制配合和基轴制配合。

基孔制配合是孔的基本偏差不变，与不同基本偏差的轴形成各种配合的一种制度。基孔制配合的孔称为基准孔，其基本偏差代号为 H，下极限偏差为零。这种制度是将孔的公差带位置固定，通过改变轴的公差带位置，得到各种不同的配合，如图 6-34a 所示。

基轴制配合是轴的基本偏差不变，与不同基本偏差的孔形成各种配合的一种制度。基轴制配合的轴称为基准轴，其基本偏差代号为 h，上极限偏差为零。这种制度是将轴的公差带位置固定，通过变动孔的公差带位置，得到各种不同的配合，如图 6-34b 所示。

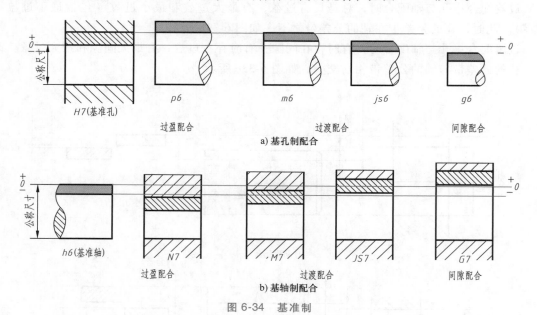

图 6-34　基准制

6. 公差与配合的标注

在零件图中，极限偏差有三种标注形式，分别为在公称尺寸后，只标注上、下极限偏差；在公称尺寸后，只标注公差带代号；在公称尺寸后，先标注公差带代号，再标注上、下极限偏差，但极限偏差用括号括起来，如图 6-35 所示。

在装配图中，配合一般只标注代号，以分数形式表示，分子为孔的公差带代号，分母为轴的公差带代号，如图 6-36 所示。

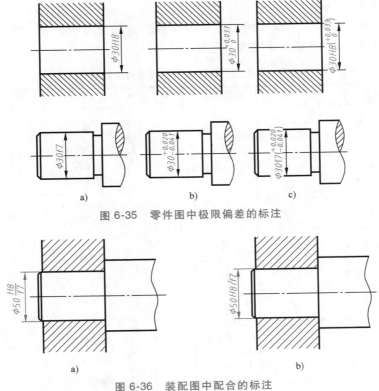

图 6-35　零件图中极限偏差的标注

图 6-36　装配图中配合的标注

6.5.3　几何公差

1. 几何公差的概念

在机械加工中影响零件质量的因素有很多，不仅零件的尺寸影响零件的质量，零件的几何形状和结构的位置偏差也会影响零件的使用质量，如图 6-37 所示。为了约束零件的这些偏差，在零件图中针对构成零件几何特征的点、线、面的几何形状和相互位置的误差所规定的公差，称为几何公差。

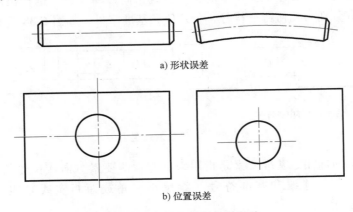

a) 形状误差

b) 位置误差

图 6-37　形状误差和位置误差

2. 几何公差的分类、几何特征及符号

国家标准 GB/T 1182—2018 中给出零件的几何公差分为形状公差、方向公差、位置公差、跳动公差四类，共 19 项，详细内容见表 6-6。

表 6-6　几何公差的分类、几何特征及符号

公差类型	几何特征	符号	有无基准	公差类型	几何特征	符号	有无基准
形状公差 （6项）	直线度	—	无	位置公差 （6项）	位置度	⊕	有或无
	平面度	▱	无		同心度 （用于中心点）	◎	有
	圆度	○	无		同轴度 （用于轴线）	◎	有
	圆柱度	⌭	无		对称度	═	有
	线轮廓度	⌒	无		线轮廓度	⌒	有
	面轮廓度	⌓	无		面轮廓度	⌓	有
方向公差 （5项）	平行度	∥	有	跳动公差 （2项）	圆跳动	↗	有
	垂直度	⊥	有		全跳动	⌰	有
	倾斜度	∠	有				
	线轮廓度	⌒	有				
	面轮廓度	⌓	有				

3. 几何公差在图样中的标注

国家标准中规定，在零件图中几何公差是以代号的形式分别为被测要素和基准要素进行标注。

（1）被测要素的标注　被测要素是指在图样中给出几何公差要求的要素，是检查的对象。标注时，需要将几何公差框格用带箭头的引线指向被测要素。框格由两格或多格组成，框格内容由左至右分别为几何特征符号、公差值和基准字母，如图 6-38 所示。

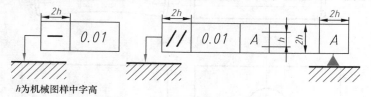

h 为机械图样中字高

图 6-38　几何公差规定画法

（2）基准要素的标注　基准要素是指用来确定被测要素方向或位置的要素。基准代号一般由正方形、字母、连线和基准符号（涂黑小三角或短粗实线）组成，绘制方法如图 6-38、图 6-39 所示。

（3）几何公差标注示例　图 6-39 所示为几何公差标注示例，其含义见表 6-7。

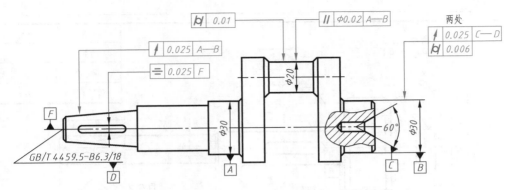

图 6-39 几何公差的标注示例

表 6-7 几何公差综合标注的识读

序号	标注符号	被测要素	基准要素	公差名称及公差值
1	⌭ 0.01	φ20mm 轴的圆柱表面	—	圆柱度公差为 0.01mm
2	⌒ 0.025 A-B	左端圆台的圆台表面	两处 φ30mm 轴的轴线	圆跳动公差为 0.025mm
3	⊜ 0.025 F	键槽的中心平面	左端圆台的轴线	对称度公差为 0.025mm
4	⌒ 0.025 C-D	两处 φ30mm 轴的圆柱表面	两端中心孔轴线	圆跳动公差为 0.025mm
5	⌭ 0.006	两处 φ30mm 轴的圆柱表面	—	圆柱度公差为 0.006mm
6	∥ φ0.02 A-B	φ20mm 轴的轴线	两处 φ30mm 轴的轴线	平行度公差为 φ0.02mm

6.6 读零件图

读零件图过程：首先通过读标题栏，粗略了解零件的名称、用途、材料和绘图比例等；其次分析零件的视图，了解零件从主体到细节的结构形状、各部分的功用以及它们之间的相对联系；再分析尺寸，了解零件的各部分的定形尺寸及定位尺寸，找到各方向的设计基准；最后分析技术要求，掌握各加工表面的技术要求及加工方法。

微课 7. 读零件图

6.6.1 读齿轮轴的零件图（图 6-40）

（1）概括了解 通过读标题栏，可知零件名称为齿轮轴，材料是 45 钢，绘图比例是 1:1。齿轮轴属于轴类零件，结构特点为阶梯圆柱。主视图选择加工位置，即轴线水平放置。

（2）分析表达方案，明确视图间关系 轴类零件主要由主视图表达结构。通过该零件主视图，可以了解到零件由左到右的结构分别为倒角、退刀槽、倒角、齿轮、倒角、退刀槽、键槽、倒角、轴上的铣削平面、倒角。

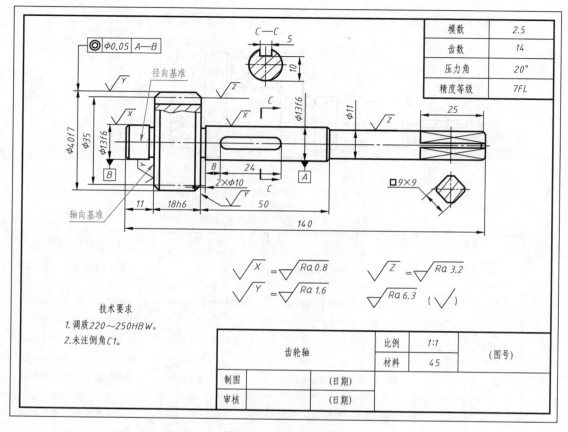

模数	2.5
齿数	14
压力角	20°
精度等级	7FL

$$\sqrt{X} = \sqrt{Ra\ 0.8} \qquad \sqrt{Z} = \sqrt{Ra\ 3.2}$$
$$\sqrt{Y} = \sqrt{Ra\ 1.6} \qquad \sqrt{Ra\ 6.3} \quad (\sqrt{\ })$$

技术要求
1. 调质220～250HBW。
2. 未注倒角C1。

齿轮轴		比例	1:1	(图号)
		材料	45	
制图		(日期)		
审核		(日期)		

图 6-40　齿轮轴零件图

通过两个移出断面图，可以了解键槽和铣削后轴端的断面形状。

（3）分析形体、想象零件形状　根据零件的三个视图，可以了解该齿轮轴的三维全貌，如图 6-41 所示。

（4）分析尺寸标注　轴类零件的径向基准基本为轴线。轴向基准为重要的端面，该零件的轴向基准为齿轮轴段的端面。

（5）分析技术要求　表面结构有 4 个等级要求，要求最高的为 $Ra0.8\mu m$，分别是两处 $\phi13f6$ 轴的圆柱面。

尺寸公差要求有 4 处，表示要与其他零件配合。

几何公差有一处 ⓞ $\phi0.05$ $A-B$，被测要素为

图 6-41　齿轮轴三维图

$\phi40f7$ 的圆柱轴线，基准要素为两处 $\phi13f6$ 轴的轴线，有同轴度要求，公差值为 $\phi0.05mm$。

（6）归纳总结　在以上分析的基础上，对零件的结构、大小及加工要求有了一定的了解。如果条件允许，最好参考零件的相关资料，如产品说明书和装配图，这样能对零件有进一步的了解。

6.6.2　读支架零件图（图6-42）

（1）概括了解　通过读标题栏，可知零件名称为支架，材料是铸铁，绘图比例是1:1.5。支架属于叉架类零件，分工作部分、支承部分和连接部分。

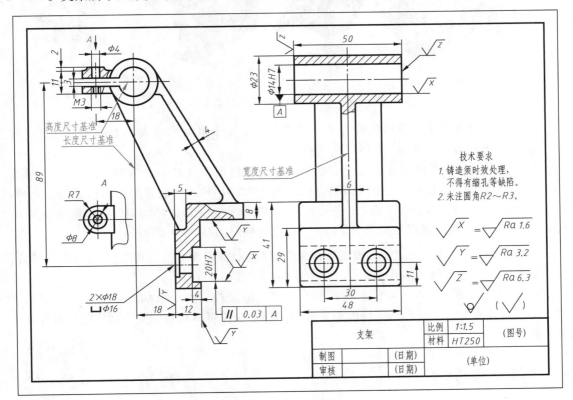

图6-42　支架零件图

（2）分析表达方案，明确视图间关系　读零件图中图形部分，可看到共有三个视图，主视图采用两处局部剖，分别表示安装孔和夹紧孔。左视图采用一处局部剖，表达通孔。左下角有一个A向局部视图，根据A字母的指引，该视图是表达零件左侧凸台形状。

（3）分析形体，想象零件形状　在分析形体结构时，可以从形状和位置特征明显的视图入手，将零件分成几个组成部分，再根据三等关系，找到它们一一对应的投影，想象它们的形状。该零件主视图特征明显，可以分成三个组成部分，下面是支承部分，根据三等关系分析其形状，结果如图6-43a所示；上面是工作部分，根据三等关系及A向视图分析其形状，结果如图6-43b所示；中间是连接部分，形状如图6-43c所示。支架的全貌如图6-43d所示。

（4）分析尺寸标注　根据零件图中的平行度公差，可以看出零件长度和高度的尺寸基准，根据零件前后对称，可以确定零件的宽度尺寸基准。工作部分为$\phi14H7$的孔，左面有一个夹紧结构，通过螺孔M3进行连接，工作部分到支承部分的长度定位尺寸为18mm，高度定位尺寸为89mm，支承部分有安装孔，定形尺寸为$2\times\phi18\sqcup\phi16$，定位尺寸为30mm、11mm。连接部分板厚尺寸分别是6mm和4mm。

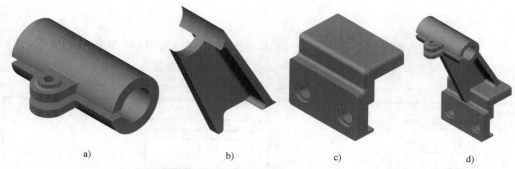

a)　　　　　　　b)　　　　　　　c)　　　　　　　d)

图 6-43　支架各部分结构造型立体图

（5）分析技术要求　表面结构有 4 个等级要求，要求最高的为 $Ra1.6\mu m$，分别是工作部分 $\phi14H7$ 孔内壁和支承部分 20H7 的两侧面。

尺寸公差要求也是这两处表面，表示要与其他零件配合。其中 $\phi14H7$ 孔的公称尺寸为 $\phi14mm$，公差带代号为 H，下极限偏差为 0，公差等级为 IT7，查附录得公差值为 $18\mu m$，算出上极限偏差为 +0.018mm。20H7 的公称尺寸为 20mm，公差带代号为 H，下极限偏差为 0，公差等级为 IT7，查附录得公差值为 $21\mu m$，算出上极限偏差为 +0.021mm。

几何公差有一处 $\boxed{//\ \ 0.03\ \ \ A}$，被测要素为 20H7 的对称平面，基准要素为 $\phi14H7$ 的轴线，有平行度要求，公差值为 0.03mm。

（6）归纳总结　在以上分析的基础上，对零件的结构、大小及加工要求有了一定的了解。如果条件允许，最好参考零件的相关资料，如产品说明书和装配图，这样能对零件有进一步的了解。

6.7　测绘零件

1. 测绘要求

测绘就是给现有的零件绘制零件图。步骤是对零件进行结构分析，确定表达方法，目测尺寸，徒手绘制草图，并在需要进行尺寸标注的地方绘制出尺寸界线和尺寸线；用专业量具进行零件测量，将尺寸数值标注在零件上；了解零件各部分用途，提出必要的技术要求；填写标题栏的相关信息，完成零件草图的绘制；根据草图，利用绘图工具或电脑完成零件图的绘制。

2. 测绘工具及其使用方法

测量零件的工具称为量具，量具按用途分为通用量具和专用量具两种。

通用量具一般指由量具厂统一制造的通用性量具，如钢直尺、游标卡尺、千分尺和千分表等，其使用方法如图 6-44 所示。

专用量具是指专门为检测工件某一技术参数而设计制造的量具，如圆角规、螺纹规、表面粗糙度样板等，如图 6-45 所示。

3. 测绘钳座

图 6-46 所示为钳座立体图。

（1）分析被测绘零件　分析被测绘零件的材料、类型、在机器中的作用、与相邻零件

13. 测绘零件

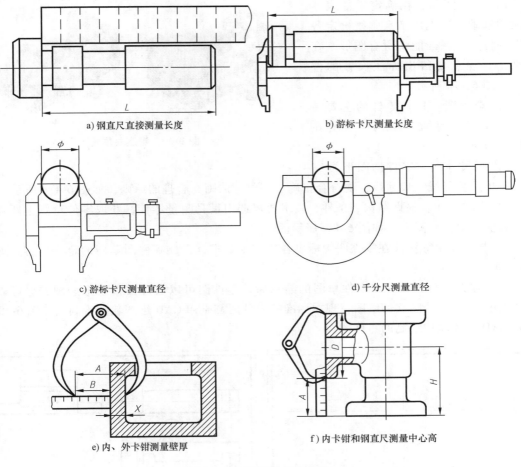

a) 钢直尺直接测量长度

b) 游标卡尺测量长度

c) 游标卡尺测量直径

d) 千分尺测量直径

e) 内、外卡钳测量壁厚

f) 内卡钳和钢直尺测量中心高

图 6-44 通用量具的测量

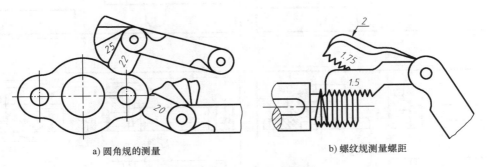

a) 圆角规的测量

b) 螺纹规测量螺距

图 6-45 专用量具的测量

之间的配合关系、主要工作部位及精度、各面的加工方法等，是专业知识的综合体现。

（2）确定表达方案　根据零件的类型、结构确定零件的主视图方向及表达方法，再根据具体情况确定其他视图表达方法。

（3）绘制零件草图　绘制草图一般在现场进行，因此绘图时不能使用工具，需要徒手画图，结构尺寸需要目测。绘制零件草图的步骤如下：

1）布置图面。在确定零件表达方法的基础上，先用细点画线确定各视图的位置，保证能将所有图形画在图纸上，注意要留出标注尺寸的位置，如图 6-47a 所示。

2）画视图。先画零件的主要结构，再画零件的细节结构，如图 6-47b、c 所示。

图 6-46 钳座立体图

3）画尺寸线。零件的图形画完后，画出尺寸界线、尺寸线，要符合正确、完整、清晰、合理的原则，如图 6-47d 所示。

4）尺寸标注。根据结构、条件、技术要求选用量具测量零件，获取零件草图上所需尺寸的数值，填在草图上，如图 6-47e 所示。

5）技术要求标注。在零件图中标出各项技术要求，完成零件图草图的全部内容，如图 6-47f 所示。

（4）绘制零件图　完成零件草图的绘制后，零件图可以通过图板手工绘图，也可以用计算机中的 CAD 绘图软件绘图，现在标准的零件图都是用 CAD 绘图软件绘制的。图 6-48 所示为 CAD 绘图软件绘制的零件图。

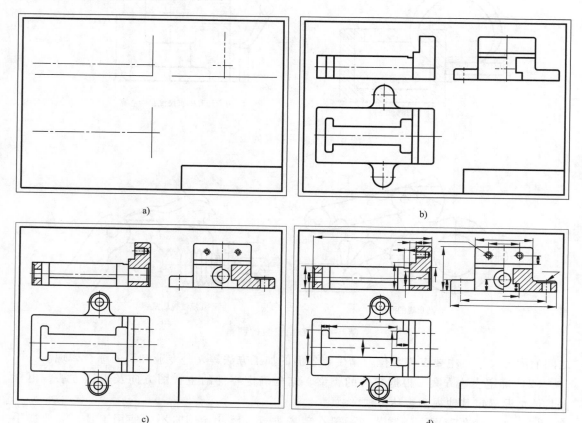

图 6-47 零件草图绘制的基本步骤

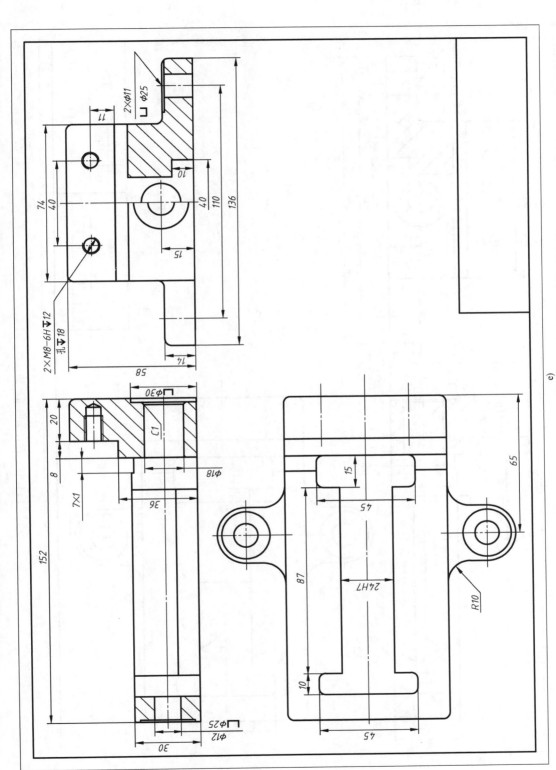

图 6-47 零件草图绘制的基本步骤（续）

e)

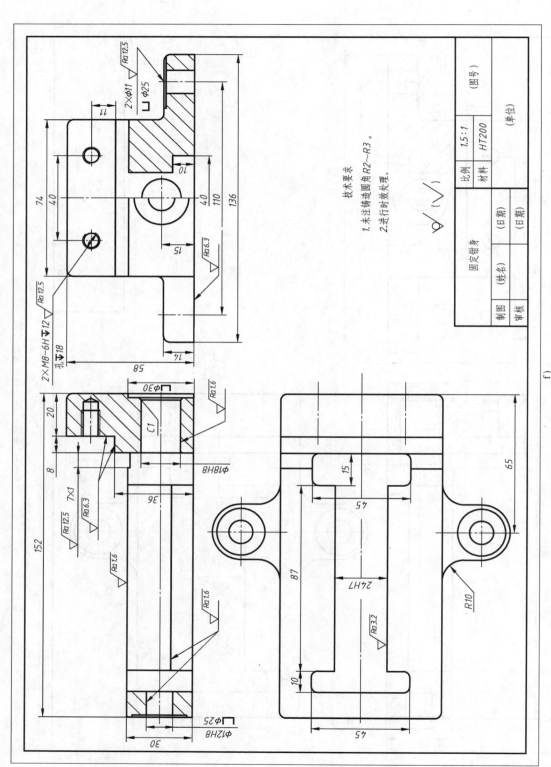

图 6-47　零件草图绘制的基本步骤（续）

f)

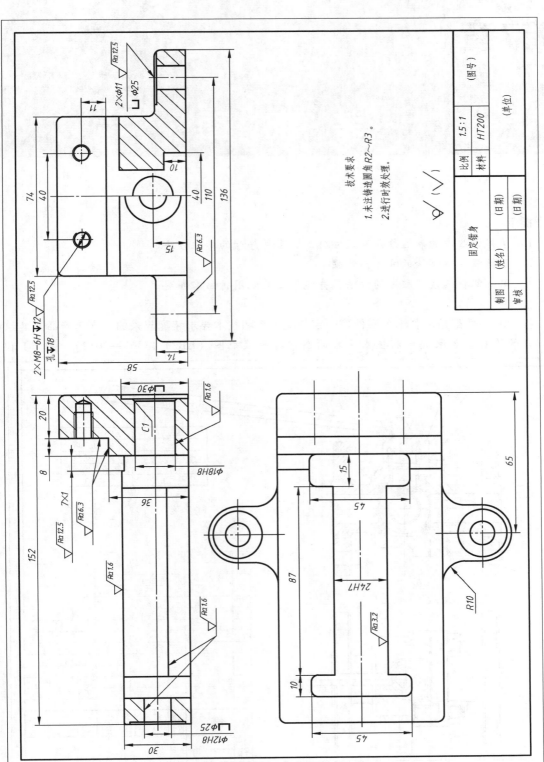

图 6-48 由 CAD 绘图软件绘制的零件图

第7章

装　配　图

教学提示：

1）掌握装配图的表达方法及尺寸标注、零件序号的标注方法。

2）了解装配体测绘的方法与步骤。

3）熟练掌握阅读装配图的方法，并能够由装配图拆画零件图。

机器或部件都是由若干个零件按一定装配关系和技术要求装配起来的，表示产品及其组成部分的连接、装配关系和技术要求的图样称为装配图（GB/T 13361—2012）。图7-1和

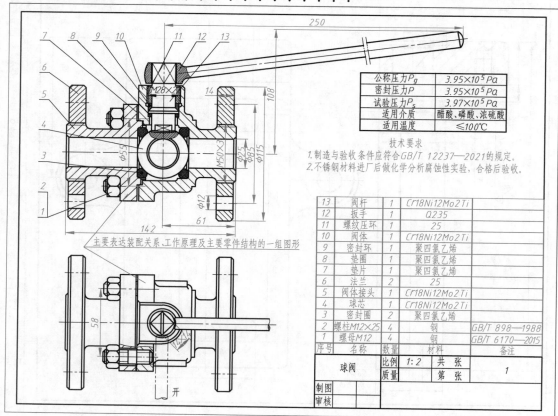

公称压力P_g	3.95×10^5 Pa
密封压力P	3.95×10^5 Pa
试验压力P_s	3.97×10^5 Pa
适用介质	醋酸、磷酸、浓硫酸
适用温度	≤100℃

技术要求

1.制造与验收条件应符合GB/T 12237—2021的规定。

2.不锈钢材料进厂后做化学分析腐蚀性实验，合格后验收。

主要表达装配关系、工作原理及主要零件结构的一组图形

13	阀杆	1	Cr18Ni12Mo2Ti	
12	扳手	1	Q235	
11	螺纹压环	1	25	
10	阀体	1	Cr18Ni12Mo2Ti	
9	密封环	1	聚四氯乙烯	
8	垫圈	1	聚四氯乙烯	
7	垫片	1	聚四氯乙烯	
6	法兰	1	钢	
5	阀体接头	1	Cr18Ni12Mo2Ti	
4	球芯	1	Cr18Ni12Mo2Ti	
3	密封圈	2	聚四氯乙烯	
2	螺柱M12×25	4	钢	GB/T 898—1988
1	螺母M12	4	钢	GB/T 6170—2015
序号	名称	数量	材料	备注

球阀	比例	1:2	共 张	
	质量		第 张	1

制图		
审核		

图 7-1　球阀的装配图

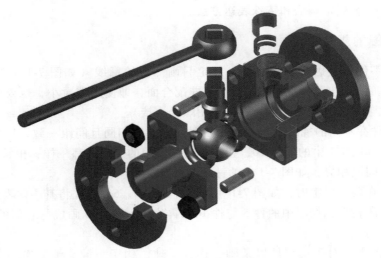

图 7-2 球阀的轴测图

图 7-2 是在生产中使用的球阀装配图及其轴测图。

7.1 装配图的作用及内容

1. 装配图的作用

在产品设计过程中，一般都是先画出装配图，再根据装配图设计零件图。在生产实践中，装配图是制订装配工艺流程，进行装配、检验、安装或维修的主要技术依据。因此，装配图在产品设计及生产使用的整个过程中起着非常重要的作用。

2. 装配图的内容

如图 7-1、图 7-2 所示，一套完整的装配图应包括以下 5 项内容：

（1）一组图形 用来表达机器或部件的工作原理、零件之间的装配关系和主要零件的结构形状等。

（2）必要的尺寸 在装配图中只需标注表达机器或部件的规格、性能、外形尺寸，以及装配、检验和安装时所必须的尺寸。

（3）技术要求 用文字或符号说明机器或部件在装配、调试、安装和使用过程中的要求。

（4）零件的序号及明细栏 为了便于看图和生产管理，装配图必须对每个零件进行编号，并在标题栏上方绘制明细栏，说明零件的序号、名称、材料、数量以及标准件的尺寸规格等。

（5）标题栏 装配图的标题栏包括机器或部件的名称、图号、比例、负责人签名等内容。

7.2 装配图的表达方法

零件图的各种表达方法在装配图中同样适用，但由于表达的侧重点不

14. 装配图的
表达方法

同，装配图还有一些规定画法和特殊表达方法。

7.2.1 装配图的规定画法

1）相邻两零件的接触面和配合面，规定只画一条轮廓线（如图 7-1 中的件 5 与件 6，阀体接头与法兰的螺纹连接）。而非接触面或非配合面，即使间隙再小，也要画两条线（如图 7-1 中的件 5 与件 10，阀体接头与阀体使用螺栓连接）。

2）同一零件在不同的视图中，剖面线必须保持方向相同且间距一致，以便看图时能看出是同一零件，如图 7-1 中的阀体 10，在主、俯视图中的剖面线都一样；相邻两零件的剖面线方向应相反或间隔相异，如图 7-1 中的件 5 与件 6。

当相邻零件在两个以上时，如图 7-1 中的零件 5、10、6，可先将其中两零件的剖面线画成间距相同、方向相反，如图中的件 5 与件 10，再将另一零件 6 画成与它们的间距不一样，用以区别三个不同的零件。

3）在装配图中，对于紧固件以及轴、连杆、球、钩子、键、销等实心零件，若剖切且剖切平面通过其对称平面或轴线时，则这些零件按不剖绘制，如需要特殊表明这些零件上的凹槽、键槽、销孔等时，可采用局部剖。当剖切平面垂直于轴线剖切时，则仍按剖切绘制。

7.2.2 特殊画法

1. 拆卸画法

在装配图的某一视图中，若某些零件遮挡了需要表达的结构，或为了避免重复表达，可假想将某些零件拆卸后绘制，需要说明时可以标注"拆去××等"。图 7-3 所示为正滑动轴承装配图，在左视图中拆去了油杯进行表达。

2. 沿零件结合面剖切的画法

在装配图中可假想沿某些零件的结合面剖切，在这种表达方法中，零件的结合面不画剖面线，而被横向剖切到的轴、螺钉、键、销等需画出剖面线。如图 7-3 所示，在俯视图中，为了表达轴瓦与轴承座的装配关系，沿轴承盖与轴承座的结合面剖切，并且采用半剖视，拆去在主视图中已表达清楚的零件，其轴测图如图 7-4 所示。

3. 假想画法

在装配图中，为了表达与该装配体关联但又不属于该装配体的零件、部件，或运动零件的极限位置，可用细双点画线画出其轮廓。如图 7-5 所示，用细双点画线表示手柄的另一极限位置。

4. 夸大画法

在画装配图时，对于薄片零件、细丝弹簧、微小间隙，无法按其实际尺寸画出时，可不按比例且适当夸大地画出。图 7-1、图 7-3 中的螺栓连接处就是夸大画法。当零件厚度在 2mm 以下时，允许剖面线用涂黑代替。

5. 单独表达某个零件

在装配图中，可以单独画出某一零件的视图，但必须在所画视图的上方标注出该零件的视图名称，在相应视图的附近用箭头指明投射方向，并标注上同样的名称，如图 7-6 中的 A—A 剖视图。

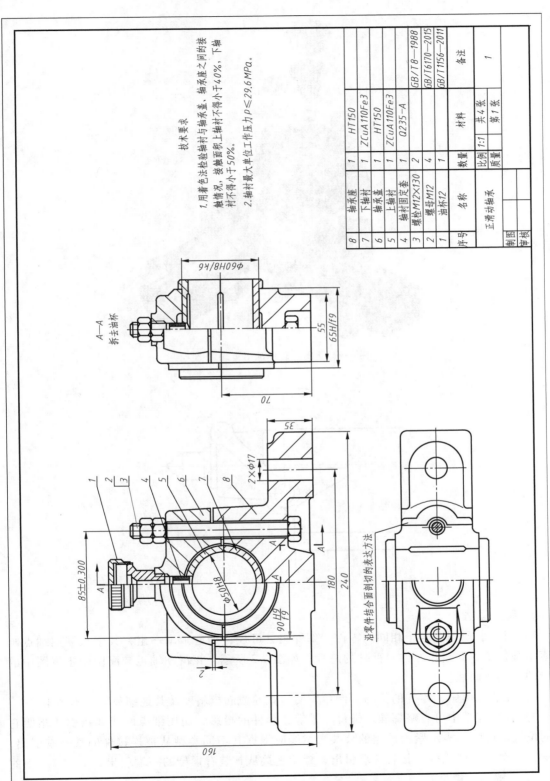

图 7-3 正滑动轴承装配图

技术要求

1. 用着色法检验轴衬与轴承座、轴承盖之间的接触情况，接触面积上轴衬不得小于40%，下轴衬不得小于50%。

2. 轴衬最大单位工作压力 $p \leqslant 29.6\,MPa$。

序号	名称	数量	材料	备注
8	轴承座	1	HT150	
7	下轴衬	1	ZCuA110Fe3	
6	轴承盖	1	HT150	
5	上轴衬	1	ZCuA110Fe3	
4	轴衬固定套	1	Q235-A	
3	螺栓M12×130	2		GB/T8-1988
2	螺母M12	4		GB/T6170-2015
1	油杯12	1		GB/T1156-2011

正滑动轴承					1
制图		比例	1:1	共4张	
审核		质量		第1张	

沿零件结合面剖切的表达方法

拆去油杯
A—A

$\phi 60H8/k6$

55

$65H/f9$

70

35

$2 \times \phi 17$

85 ± 0.300

$\phi 50H8$

$90\dfrac{H9}{f9}$

2

180

240

160

图 7-4　正滑动轴承的拆分轴测图

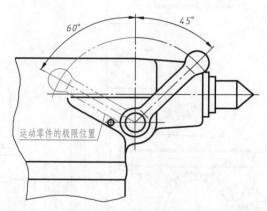

图 7-5　假想画法

6. 简化画法

1）对于装配图中若干相同的零件、部件组，可仅详细地画出一组，其余只需用细点画线表示其位置，并给出零件、部件的总数。如图 7-3 所示，正滑动轴承装配图中主视图中的螺栓即为简化画法。

2）在装配图中，零件的倒圆、倒角、肋、滚花或起模斜度及其他细节等可不画出。

3）在装配图中可省略螺栓、螺母、销等紧固件的投影，而用细点画线和指引线指明它们的位置。此时，表示紧固件组的公共指引线应根据其不同类型从被连接件的某一端引出，如螺钉、螺柱、销连接从其装入端引出，螺栓连接从其装有螺母的一端引出，如图 7-3 中的件 2、3（螺栓、螺母）。

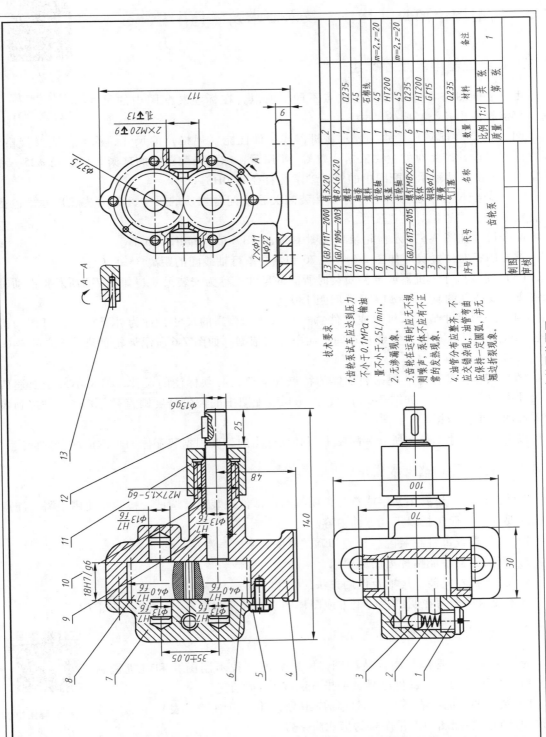

图7-6 齿轮泵装配图

技术要求

1. 齿轮泵试车时应达到压力不小于0.1MPa。输油量不小于2.5L/min。
2. 无渗漏现象。
3. 齿轮在运转时应无不规则噪声，泵体不应有不正常的发热现象。
4. 油管分布应整齐，不应交错紊乱；油管弯曲应保持一定圆弧，并无翘边折裂现象。

序号	代号	名称	数量	材料	备注
13	GB/T 1117-2000	销3×20	2	Q235	
12	GB/T 1096-2003	键8×6×20	1	45	
11		螺母	1	石棉线	
10		填料	1	45	
9		齿轮轴	1	HT200	m=2,z=20
8		泵盖	1	45	
7		齿轮轴	1	Q235	m=2,z=20
6	GB/T 6173-2015	螺钉M8×16	6	HT200	
5		泵体	1	HT200	
4		钢球φ1/2	1	Gr15	
3		弹簧	1		
2		气门塞	1	Q235	
1					

齿轮泵 比例 1:1 共 张 第 张
制图
审核
质量

7.3 装配图中的尺寸标注、技术要求及零件序号

15. 装配图
的尺寸标注
及技术要求

7.3.1 装配图中的尺寸标注

由于装配图与零件图的表达重点不同，所以，在标注装配图中的尺寸时，只需标注出几类必要的尺寸。

（1）性能（规格）尺寸　表示该机器或部件性能（规格）的尺寸，称为性能（规格）尺寸。它是设计产品时的主要依据。如图 7-1 所示，球阀装配图中的球阀管口直径 $\phi25$，和图 7-3 所示正滑动轴承装配图中的滑动轴承孔直径 $\phi50H8$。

（2）装配尺寸　表示机器中各零件装配关系或配合性质的尺寸，称为装配尺寸，包括配合尺寸和重要的相对位置尺寸。

配合尺寸如图 7-6 所示齿轮泵装配图中的 $\phi13H7/f6$、$\phi40H7/f6$ 等。

重要的相对位置尺寸如图 7-6 中的 70 和主要平行轴线间的距离 35 ± 0.05。

（3）安装尺寸　机器或部件安装时所需的尺寸，称为安装尺寸，如图 7-3 所示正滑动轴承底座上安装孔的直径 $2\times\phi17$ 及孔间距 180 等。

（4）外形尺寸　表示机器或部件总长、总宽、总高的尺寸，称为外形尺寸，可作为机器、部件在包装、运输、安装及车间平面布置的依据。如图 7-6 所示齿轮泵装配图中的 140、100、117 等。

（5）其他重要尺寸　根据装配体的特点和需要，必须标注的尺寸，但又不属于上述四类尺寸中的重要尺寸。如图 7-6 所示，齿轮泵装配图中的齿轮分度圆直径 $\phi37.5$，是拆画齿轮零件图的重要依据。

以上五类尺寸不是在所有装配图上都必须标出的，要根据装配体的具体情况合理标注。

7.3.2 装配图中的技术要求

在装配图中，还要用文字或符号说明机器或部件在装配、调试、检验和使用中需要注意的技术要求，一般包括以下几方面内容。

1）对机器或部件在装配、检验和调试时的要求。

2）有关机器性能指标方面的要求。

3）关于机器安装、运输及使用方法的要求。

技术要求一般写在明细栏的上方或图样的空白处，如图 7-1、图 7-3、图 7-6 所示。

7.3.3 装配图中的零件序号

16. 装配图中
的零件序号、
明细栏及
标题栏

为了便于生产管理与阅读装配图，国家标准《技术制图》和《机械制图》对装配图中的零、部件序号及编排方法有如下规定：

1）装配图中的所有零件、部件均应编号，并与明细栏（表）中的序号一致。且同一装配图中编排序号的形式应一致。

2）装配图中相同的零件、部件用一个序号，一般只标注一次。多处出现的相同零件、部件，必要时也可重复标注。

3）装配图中编写零件、部件序号的方法，是在水平线的基础（细实线）上或圆（细实线）内注写序号，序号字号比该装配图中所注尺寸数字的字号大一号或两号，如图7-7a所示。

4）若指引线所指引部分（很薄的零件或涂黑的剖面）内不便画圆点时，可在指引线的末端画出箭头，并指向该部分的轮廓，如图7-7b所示。

指引线不能相交。当指引线通过有剖面线的区域时，它不应与剖面线平行。

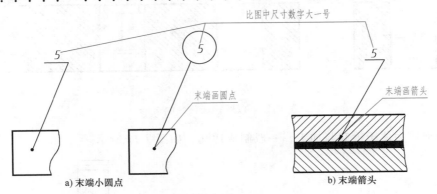

图 7-7　序号的注写

5）一组紧固件以及装配关系清楚的零件组，可采用公用指引线，如图7-8所示。

6）装配图中零件序号应按顺时针方向或逆时针方向顺次排列，也可只在每个水平或竖直方向顺次排列，如图7-1、图7-6中的顺时针方向排列。

7）明细栏一般配置在装配图中标题栏的上方，按由下而上顺序填写，如图7-1、图7-3、图7-6所示，其格式应根据需要而定。当由下而上延伸位置不够时，可紧靠在标题栏的左边自下而上延续。

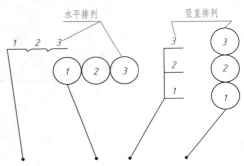

图 7-8　零件组序号的注写

7.4　装配结构简介

17. 装配图
结构简介

为了使零件装配成机器或部件后能满足性能要求，并考虑装拆方便，对装备工艺结构应有合理的要求。

7.4.1　接触面及配合面

1）两零件在同一方向上只能有一对接触面，如图7-9所示。

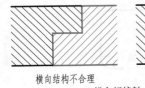
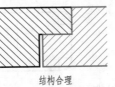
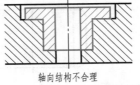
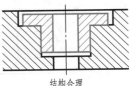

a) 横向相接触　　　　b) 纵向(轴向)相接触

图 7-9　同一方向只有一个接触面

2）当零件以圆柱面接触时，两配合零件接触面的转角处应做倒角、圆角或凹槽，保留一定间隙，如图 7-10 所示。

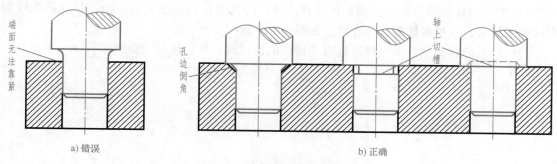

图 7-10　以圆柱面接触的情形

3）销连接为便于拆卸与加工，一般制成通孔，如图 7-11 所示。

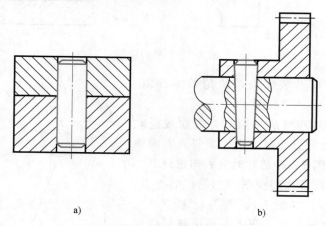

图 7-11　销连接

4）为了使螺栓等连接可靠，应设有凸台或凹坑；对于较大的接触平面，应设有凹槽，以减少接触面积与加工面积，如图 7-12 所示。

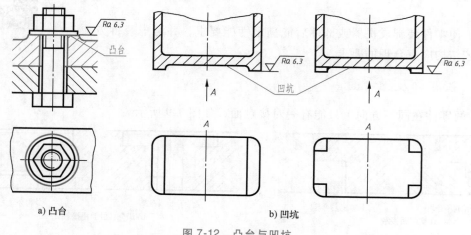

图 7-12　凸台与凹坑

7.4.2　装拆空间

1）为了拆卸方便，应留有装拆空间，如图 7-13a 所示；设计出工具孔，如图 7-14b 所示；留有手操作孔，如图 7-13c 所示。留出扳手的活动空间，如图 7-14 所示。

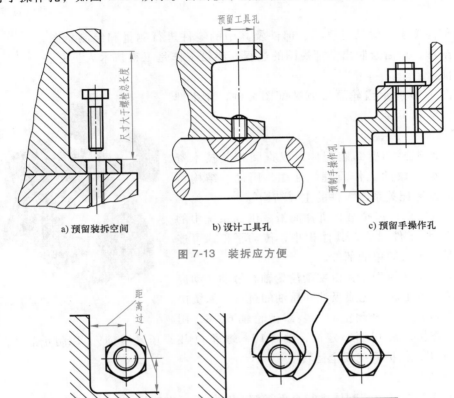

a) 预留装拆空间　　　　　b) 设计工具孔　　　　　c) 预留手操作孔

图 7-13　装拆应方便

a) 结构不合理　　　　　　b) 结构合理

图 7-14　留出扳手活动空间

2）当滚动轴承以轴肩或孔肩进行轴向定位时，设计轴肩或孔肩的高度，应分别小于轴承内圈或外圈的厚度，如图 7-15 所示。

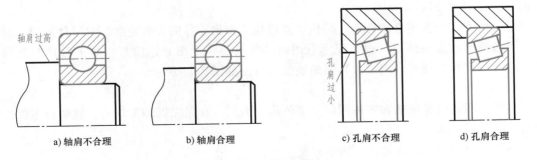

a) 轴肩不合理　　　b) 轴肩合理　　　c) 孔肩不合理　　　d) 孔肩合理

图 7-15　轴肩与孔肩

7.5 部件测绘与画装配图

7.5.1 部件测绘

所谓部件测绘，就是对机器、部件及其中的零件进行测量和绘制草图，经检查、整理，最后绘制出全部视图的过程。测绘工作是工程技术人员必备的基本技能。

现以图7-16所示齿轮泵轴测装配图为例，介绍部件测绘的方法和步骤。

1. 了解测绘对象

通过全面观察和拆卸装配体，或查阅相关技术资料，了解测绘对象的工作原理、性能、用途、结构特点、零件间的装配关系及零件的主要结构等。

如图7-6所示，齿轮泵是机器润滑、供油系统中的部件，由13种零件组成，其体积小，传动平稳，可连续供油，是一个较简单的部件。

图7-16 齿轮泵轴测装配图

齿轮泵的工作原理是：由主动齿轮轴6带动从动齿轮轴8连续不断地转动完成吸油和压油的过程。系统由泵体、泵盖构成一个密闭空间，装载齿轮轴6、8，用螺钉5进行连接，销13进行定位，轴套10、螺母11用来压紧填料9，以防止漏油，零件1、2、3调节油压，保护系统安全运转。

2. 拆卸部件

通过拆卸部件可对装配体进行全面了解，应按以下方法拆卸：

1）拆卸前应对装配体进行整体分析，确定拆卸顺序，然后再按顺序逐个拆下零件。对于过盈配合的零件，若不影响零件的分析与测量，可不拆卸。

2）拆下的零件、部件若较多，应编上号签；对于小的零件要注意保管；对于重要零件及零件上的重要表面，要防止刮伤、变形、生锈，以免影响测量精度。

3）对于零件、部件较多的装配体，为了便于拆卸后精准组装，需画装配示意图，来表明零件间的相对位置和装配关系。所谓装配示意法，就是用规定符号和图线较形象地绘制图样的表意性图示方法。

对一般零件可按零件的外形、结构特点形象地画出零件的大致轮廓。对零件的前、后层次，可按透明体直接画出。画装配示意图时，尽量用一个图表达清楚。对于传动部分的零件，应按国家标准规定画出。齿轮泵的装配示意图如图7-17所示。

3. 画零件草图

零件草图是画装配图和零件图的主要依据。因此，在做完拆卸工作后，就要对零件进行测绘，画零件草图。

画零件草图时，应注意以下内容：

1）标准件可不画草图，但必须测绘其主要参数（如螺纹大径、螺距等），再根据国家标

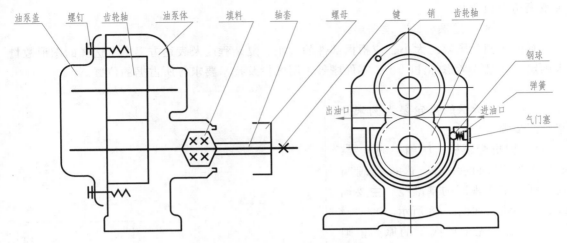

图 7-17　齿轮泵的装配示意图

准确定其标记代号，列在明细栏内。如图 7-6 所示齿轮泵装配图中的钢球 3、螺钉 5、键 12。

2）零件上的配合尺寸，应弄清其配合状态（可查阅有关手册），并成对注出。如图 7-6 所示泵体 4 中的孔 $\phi40H7$、齿轮轴 6 中的 $\phi40f6$。

3）相互关联的零件，它们之间的关联尺寸一定要一致。如图 7-6 所示泵盖 7 与泵体 4 上的两轴孔的中心距均为 35 ± 0.05 等。

4. 画装配图和零件图

装配图要根据装配示意图和零件草图绘制，装配图一定要按尺寸、比例准确地画出，最后再根据装配图和零件草图画零件图。

7.5.2　装配图画法

1. 仔细剖析所画的对象

在画装配图之前，要对所画的对象有全面、深刻的了解。装配图绘制过程不是简单拼凑零件图草图，而是从装配体整体功用、工作原理出发，对零件草图和装配示意图进行一次校对，发现它们不协调甚至错误之处，一定要及时改正。

2. 选择表达方案

装配图表达的主要内容是部件的工作原理、各零件之间的装配关系和相对位置等，这是画装配图时主要遵循的原则。

（1）主视图的选择原则　主视图应该符合该装配体的工作位置或习惯放置位置，并尽可能反映该装配体的结构特点和零件之间的装配关系，反映该部件的工作原理和主要装配干线。

如图 7-6 所示，按工作位置确定的全剖视的主视图，既表达了齿轮轴 6 与齿轮轴 8 啮合的装配主干线，又表达了齿轮泵的工作原理，同时也反映了装配体的结构特征。

（2）其他视图的选择　主视图确定后，对尚未表达清楚的装配关系，如图 7-6 中起安全保护作用的件 1、2、3，主视图中表达得不清楚，采用俯视图的局部剖将其清楚地表达。同时，俯视图也将底板形状及安装孔的位置表达出来。左视图将两齿轮的啮合关系及泵体的内部形状、进出油口的形状都表达得很清楚。*A—A* 局部剖视又将螺钉 13 与泵盖、泵体的装配关系表达得很清楚。

3. 定比例、选图幅、合理布局

画图比例及图幅的大小，应根据部件的大小、复杂程度及表达方案中所选择的图形数量来确定，并且要考虑标注尺寸、零件序号、明细栏及技术要求等所占据的位置。

4. 画图

以图 7-6 所示的齿轮泵为例来介绍画图步骤：

1）留出标题栏、明细栏的位置；确定有效图面的中心，进行合理布局；画出基本视图的基准线、主要轴线、中心线，如图 7-18 所示。

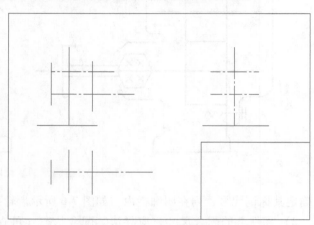

图 7-18　齿轮泵的画图步骤（一）

2）按"先主后次"的原则，画主要零件的大体轮廓，如图 7-19 所示。

3）画出各零件的细节部分，如图 7-20 所示。

4）检查、校核、修正底稿，加深图线，画剖面线。

5）标注尺寸，编写序号，画标题栏、明细栏，注写技术要求，完成全图。

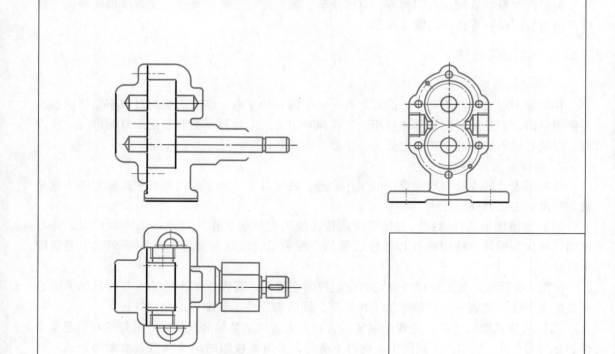

图 7-19　齿轮泵的画图步骤（二）

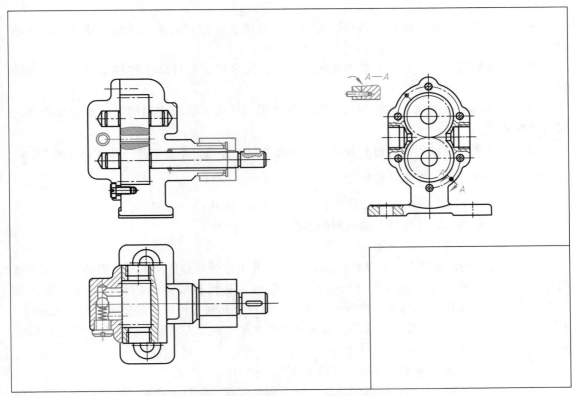

图 7-20　齿轮泵的画图步骤（三）

7.6　读装配图和拆画零件图

在生产工作中，经常要读装配图。例如：在机器装配时，要依据装配图来安装机器上的零件、部件；在产品设计过程中，要根据装配图来设计零件；在技术交流时，要参阅装配图来了解机器的构造及工作原理等。

18. 读装配
图和拆画
零件图

7.6.1　读装配图的方法和步骤

读装配图的目的是弄清该机器（或部件）的性能、工作原理、装配关系以及各零件的主要结构，通常按以下四个步骤来进行，下面以机用虎钳的装配图（图 7-21）为例来加以说明。

1. 概括了解

由标题栏中的内容了解部件的名称、图样比例及大致用途；由明细表中的内容了解零件名称、数目和材料；根据视图对装配体有个初步印象。

如图 7-21 所示，标题栏中给出了此部件的名称为机用虎钳，是安装在工作台上，用于夹紧工件，以便进行切削加工的一种通用工具。图样的比例是 1.5：1，这是一个放大的比例。该机用虎钳共由 11 个零件组成，其中零件 4、9、10、11 是标准件（明细栏中有标准编号），其他零件是非标准件，这是比较简单的部件。

2. 分析视图，明确表达目的

从主视图开始分析，根据图形对应关系了解其他各视图、剖视图、剖切面及其他表达方法。

机用虎钳采用了主、俯两个基本视图。同时，还采用了单件画法和移出断面图的表达方法。

（1）主视图　采用两个平行剖切平面的全剖视，反映了机用虎钳的工作原理和零件之间的装配关系。

（2）俯视图　反映了固定钳身及活动钳身的外形，并通过半剖视进一步表达了螺钉 6、方块螺母 7 和螺杆 1 的装配关系。

（3）单件画法　A 向视图单独表达了件 5 钳口铁的形状。

（4）移出断面　表达螺杆右端的断面形状。

3. 分析工作原理及传动关系

对于较简单的装配体，一般从图样上直接分析其工作原理和传动关系；当装配体比较复杂时，可参照说明书等其他资料进行分析。分析时，从机器或部件的传动关系入手，如图 7-21 所示机用虎钳的运动是由螺杆 1 传入的，螺杆 1 上制有较长一段外螺纹与方块螺母 7 上制有的内螺纹相配合，螺母 7 带动活动钳身 8 在水平方向上左右移动，夹紧工件进行切削加工。最大夹持厚度为 60mm。

4. 分析零件间装配关系，零件、部件的主要结构形状和用途

前三个阶段的分析是比较粗略的，这一阶段则要求深入细致地读图。在读图时，除运用已掌握的零件结构知识外，还要利用前面所学的机械制图基本知识、基本规定来正确区分不同零件。常用的有以下几种方法：

（1）利用剖面线的方向与密度来区分　例如：同一零件的剖面线，在不同视图中的方向相同、间距一致；相邻两零件的剖面线方向相反，或方向相同而间距不同。按照这个规定，可以区分主、俯剖视及单独表达的零件。

（2）利用装配图中的规定画法和特殊表达方法来区分　例如：利用实心杆不剖的规定，可区分出螺杆、螺母、固定钳身和垫圈等；利用标准件不剖的规定，可区分出螺钉、钳口板和固定钳座等。

（3）利用零件编号来区分　例如：图中编号 11 是圆柱销 4×20 而不是孔，编号 6 是螺钉、编号 7 是方块螺母，编号 8 是活动钳身等。

在进行读图时，要根据前面几个阶段对机器的了解，按照每一条装配线，弄清它们的装配关系。一般包括以下几方面：

（1）运动关系　运动如何传递；哪些零件运动，哪些零件不运动；运动的形式如何（移动、转动、摆动、往复运动……）。例如：螺杆 1 做旋转运动（螺杆本身不左右移动），使螺母 7 带动活动钳身 8 左右移动，从而使两块钳口铁 5 之间的距离缩小或拉大，来夹紧或放松工件。

（2）配合关系　凡是配合的零件，都要弄清基准制、配合种类及公差等级等。

如图 7-21 所示，为了使螺杆 1 在固定钳身 3 左右两圆柱孔内转动灵活，螺杆两端轴颈与圆柱孔采用基孔制、间隙配合（ϕ12H8/f7、ϕ18H8/f7）。

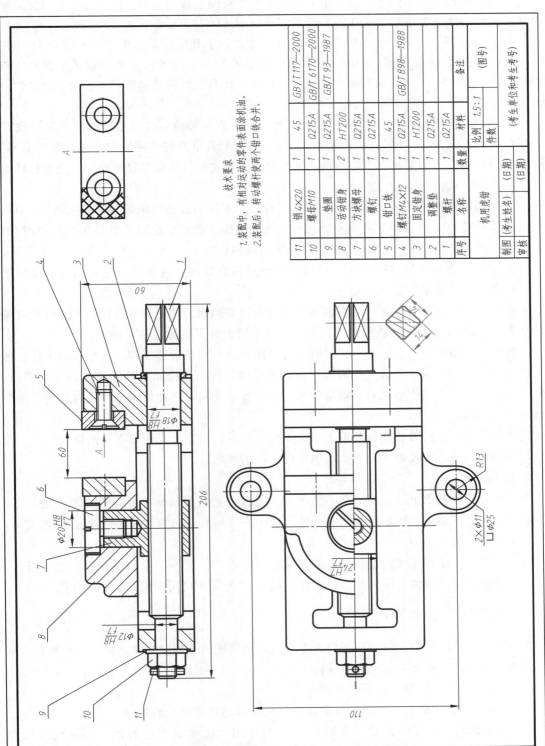

技术要求

1. 装配中, 有相对运动的零件表面涂机油。
2. 装配后, 转动螺杆使两个钳口铁合并。

序号	名称	数量	材料	备注
11	销 4×20	1	45	GB/T 117—2000
10	螺母 M10	1	Q215A	GB/T 6170—2000
9	垫圈	1	Q215A	GB/T 93—1987
8	活动钳身	2	HT200	
7	方块螺母	1	Q215A	
6	螺钉	1	Q215A	
5	钳口铁	1	45	
4	螺钉 M4×12	1	Q215A	GB/T 898—1988
3	固定钳身	1	HT200	
2	调整垫	1	Q215A	
1	螺杆	1	Q215A	

机用虎钳

比例	1.5:1	(图号)
件数		(考生单位和考生考号)

制图	(考生姓名)	(日期)
审核		(日期)

图 7-21 机用虎钳装配图

为了使活动钳身 8 在固定钳身工字形槽的水平导轨面上移动自如，活动钳身 8 与固定钳身导轨面两侧的结合面采用了基孔制、间隙配合（24H7/f7）。

（3）连接和固定方式　各零件之间是用什么方式连接和固定的。例如：圆柱销 11 用来穿过螺杆 1 使螺母 10 不脱落，同时，防止螺杆 1 左右移动。用螺钉 6 来固定活动钳身 8 与方块螺母 7，使件 6、8 随方块螺母 7 一起左右移动；钳口铁 5 是通过螺钉 4 固定在固定钳身 3 和活动钳身 8 上的，钳口铁 5 可以随时更换。

（4）定位和调整　零件上何处为定位表面，哪些面与其他零件接触，哪些地方需要调整，用什么方法调整等。图 7-21 中的螺母 7 在虎钳中起着重要的作用，它不但与螺杆旋和，还要带着活动钳身在固定钳座上左右移动。螺母 7 可通过螺钉 6 调节松紧程度，使螺杆转动灵活，从而使活动钳身移动自如。

（5）装拆顺序　由机用虎钳的装配图可以看出，零件的拆卸顺序是：先拆除圆柱销 11，就可以拆掉螺母 10；再逆时针方向旋转螺杆 1 使之旋出，同时也能拆掉垫圈 9；最后拆掉螺钉 6，拆开活动钳身 8 与方块螺母 7（钳口铁 3 可随时拆掉）。

（6）分析主要零件的结构形状　前面的分析是综合性的，为了深入了解部件，还应进一步分析零件的主要结构形状和用途。

分析时，应遵循先看大体、后看细节，先简后繁的原则，即先将标准件、常用件及简单零件从图中"剥离"出去，然后集中精力分析剩下的为数不多的复杂零件。

分析时，借助于三角板、丁字尺、分规等制图用具，用正投影规律，将复杂的零件在各个视图上的投影范围及其轮廓分析清楚，再应用形体分析法及线面分析法进行进一步推敲。此外，分析零件主要结构形状时，还应考虑零件为什么要采用这种结构形状，以便进一步分析该零件的作用。

当某些零件的结构形状在装配图上表达不够完整时，可先分析相邻零件的结构形状，根据它与相邻零件的关系及作用，来确定该零件的结构形状。

5. 综合归纳

在以上分析的基础上，还要对技术要求和全部尺寸进行分析，并把零件、部件的性能、结构形状、装配、使用、维修等各个方面综合起来进行研究、归纳和总结，这样才能对部件有一个全面的了解。

以上读图的方法和步骤，是初学者读图时的一个思路，每一个步骤都不是截然分开的，读图时，应根据装配图的具体情况加以选择。图 7-22 所示为机用虎钳的轴测爆炸图。

7.6.2　由装配图拆画零件图

在设计新机器过程中，一般根据使用要求先画出装配图，确定主要结构，然后再根据装配图拆画出零件图，通常按下列步骤进行。

1）根据读装配图的要求，将装配图看懂。

2）根据装配图中的视图，将所画零件的结构形状尽可能分析清楚。

3）根据零件的结构形状及其在装配体上的作用，选取适当的视图、剖视图及断面图等。

4）根据以上分析，确定表达方案，画出零件图，方法和步骤见第 6 章内容。在拆画零

图 7-22　机用虎钳轴测爆炸图

件图的过程中应注意以下几点：

①　由于装配图主要表达的是装配关系，因此对某些零件的结构，特别是箱体类等复杂零件的结构形状表达得往往不够完全，这就需要根据零件的功用和装配体的结构知识来加以补充和完善。图 7-21 所示的机用虎钳装配图，其俯视图的内部形状就需要加以设计。

②　零件的表达方案是根据零件的结构特点考虑的，不强求与装配图一致。一般壳体、箱体类零件主视图与装配图一致。轴、套类零件一般按加工位置选择主视图。

③　在装配图中被省略的细小结构，如倒角、圆角、退刀槽等，在拆画零件图时均应全部画出，其结构尺寸应查阅有关手册。

④　在装配图上对零件的尺寸标注不完全，在拆画零件图时，则由装配图上按所用比例大小直接量取，数值可作适当圆整。装配图上没有的尺寸，则需自行确定。

⑤　对装配图上已有的尺寸，零件图上必须注出。对于配合尺寸，要查表注出极限偏差数值。对于与标准件连接或配合的有关尺寸，如螺纹、销孔等，要从相应标准中查出。

⑥　零件的表面粗糙度、尺寸公差、热处理等，在拆图时应根据零件在部件中的作用、设计要求、工艺方面的知识来确定。

图 7-23 和图 7-24 所示为拆画零件图的示例。

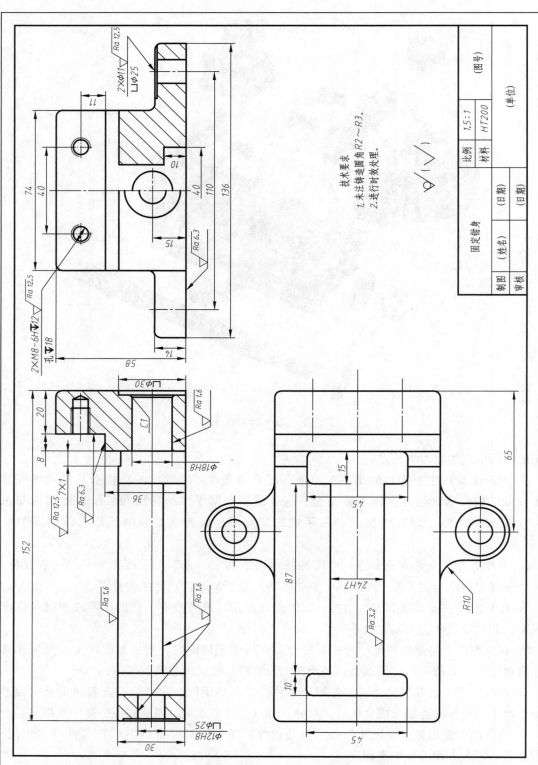

图 7-23 机用虎钳零件图（一）

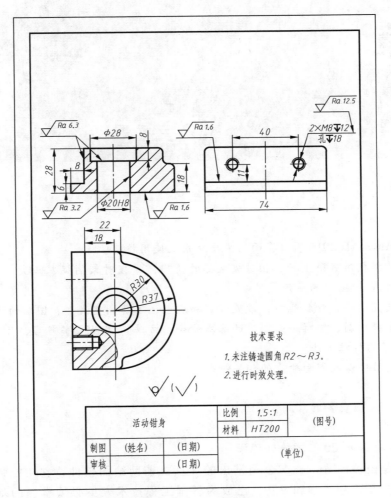

技术要求

1.未注铸造圆角R2～R3。

2.进行时效处理。

活动钳身	比例	1.5:1	(图号)
	材料	HT200	
制图	(姓名)	(日期)	(单位)
审核		(日期)	

图 7-24 机用虎钳零件图（二）

175

第8章

AutoCAD 2016基本操作及应用

教学提示：

1）熟悉 AutoCAD 2016 用户界面的主要功用及使用技巧。

2）重点掌握相对直角坐标、相对极坐标的使用，掌握对象捕捉、正交、极轴追踪、对象捕捉追踪功能在绘图中的应用。

3）能够设置图层，加载线型，设置线宽和颜色，了解调整线型、图层的方法。

4）熟练掌握绘制、编辑平面图形的基本命令与方法，掌握文字书写、尺寸标注、尺寸公差及几何公差的标注方法。

5）熟悉使用块以及图形输出的相关命令。

8.1 AutoCAD 2016 概述

1. 熟悉 AutoCAD 2016 的操作界面

AutoCAD 是由美国 Autodesk 公司推出的计算机辅助绘图软件，它功能强大、操作简便快捷，经过多年不断完善和更新，已成为各国工程技术人员必须掌握的基本绘图软件之一。

双击 AutoCAD 软件图标进入 AutoCAD 2016 用户初始界面，如图 8-1 所示，该初始界面包含了一个"创建"选项卡，有"快速入门""最近使用的文档""连接"等选项。

2. 用户界面的主要功用及使用技巧

在用户初始界面，单击"快速入门"中的"开始绘制"，系统自动生成"Drawing1. dwg"文件，如图 8-2 所示。

（1）标题栏 用于显示当前正在运行的程序名及文件名"Drawing1. dwg"。此外，单击标题栏最右端的按钮，可以最小化、最大化或关闭程序窗口。

（2）菜单栏 每项主菜单下面都有下拉菜单；单击菜单栏中的"绘图"，立即弹出下拉菜单，若将光标移到"圆"命令上，则显示其下一级菜单。在下拉菜单中，凡是带有"〉"标记的，表示还有下一级子菜单，如图 8-3 所示。

AutoCAD 2016 的菜单栏默认是不被调出的状态，可在空白区域单击鼠标右键选择"选项"→"配置"→"重置"；或单击快速访问工具栏右侧的小黑三角图标→"显示菜单栏"，如图 8-4 所示。

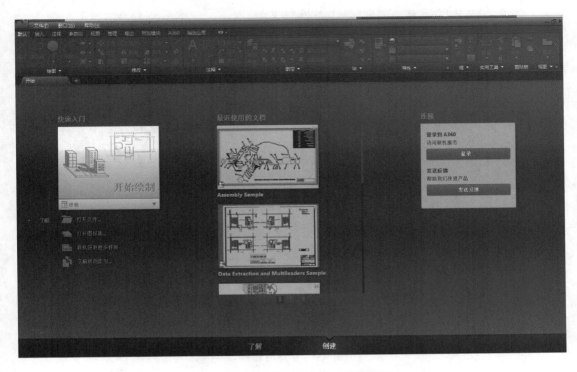

图 8-1 AutoCAD 2016 用户初始界面

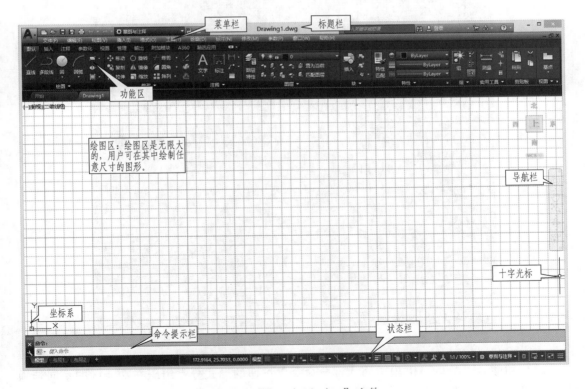

图 8-2 "Drawing1. dwg" 文件

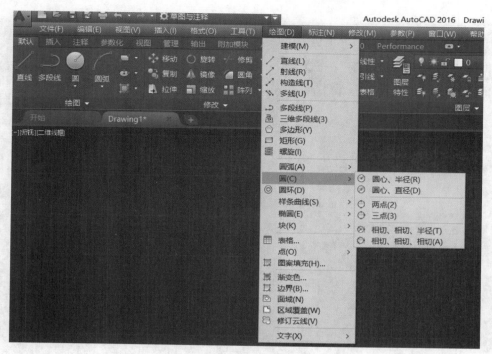

图 8-3　菜单栏用法

图 8-4　显示菜单栏方法

（3）功能区　AutoCAD 2016 将大部分命令以按钮的形式分类组织在功能区的不同选项卡中，如"默认"选项卡、"插入"选项卡等。单击某个选项卡标签，可切换到该选项卡。

在每一个选项卡中，命令按钮又被分类放置在不同的功能区中，如图8-2所示。

（4）绘图区　绘图区是用户绘图的工作区域，类似于手工绘图时的图纸，但是Auto-CAD的绘图区是无限大的，用户可在其中绘制任意尺寸的图形。绘图区除了显示图形外，通常还会显示坐标系和十字光标等。

（5）命令提示栏　命令提示栏位于绘图区的底部，用于输入命令的名称及参数，并显示当前所执行命令的提示信息。例如：在命令行中输入"line"或"LINE"并按<Enter>键，此时命令行将提示指定直线的第一个点。

（6）状态栏　状态栏位于AutoCAD操作界面的最下方，主要用于显示和控制AutoCAD的工作状态，如当前十字光标的坐标值、各模式的状态和相关图形状态等。用户可对状态栏显示的内容进行自定义，其方法是单击状态栏最右端的"自定义"按钮，在弹出的列表中选择要显示或隐藏的工具对象。

3. 文件操作

（1）新建文件

1）方法1：启动AutoCAD 2016后，单击初始界面中的"快速入门"下的"开始绘制"按钮，系统自动创建"Drawing1. dwg"文件，用户可以直接使用此文件绘制图形。

2）方法2：单击"文件"菜单栏中或左上角快速访问工具栏中的"新建"命令按钮，在弹出的"选择样板"对话框中选择适当的样板，单击"打开"按钮，即可基于所选样板创建一个新的图形文件。

（2）打开文件　单击"文件"菜单栏中或左上角快速访问工具栏中的"打开"命令按钮，在弹出的"选择文件"对话框中选择所需文件，单击"打开"按钮即可。

（3）保存文件　单击"文件"菜单栏中或左上角快速访问工具栏中的"保存"命令按钮，第一次保存时，需选择保存文件名、文件类型及保存位置。

（4）文件另存为　在"文件"菜单栏中单击"另存为"命令按钮，在弹出的对话框中输入文件名和文件类型，选择文件保存位置即可。

8.2　AutoCAD 2016 画图快速入门

8.2.1　退出、确定、重复与撤销命令的使用方法

1. 退出命令

在执行某命令时，按<Esc>键可随时取消命令，或单击鼠标右键，从弹出的快捷菜单中选择"取消"。

2. 确定及重复命令

在执行某命令时，按空格键或<Enter>键表示确认或结束该命令，再次按空格键或<Enter>键，可重复执行上一命令。

3. 撤销命令

撤销已执行命令，可单击快速访问工具栏中的"返回"按钮，或按<Ctrl+Z>键，连续执行此命令可撤销最近执行的多步操作，也可单击"返回"按钮右侧下拉三角，选择"多步操作"。若需重做已撤销命令，可单击快速访问工具栏中的"重做"按钮。

8.2.2 鼠标的用法

鼠标是 CAD 画图中最基本的工具，鼠标有左键、右键和中间的滚轮。

左键是选择和拾取键，可快速准确地到达需要的位置。单击前一定要看清楚命令提示和窗口的提示内容，确定无误后再单击鼠标左键，否则容易出现死机。

右键主要是确定和结束键，如同键盘上的<Enter>键。

滚轮是显示控制键，绘图时，向前或向后滚动鼠标滚轮，可使图形放大或缩小显示，按住鼠标滚轮并拖动鼠标，可平移窗口中的图形。

8.2.3 图形对象的选择与删除

在 AutoCAD 中选择图形对象的方法有单击法和窗口法。

（1）单击法　将鼠标光标移到要选择的对象上，单击即可，选择多个对象时可连续单击进行选择。

（2）窗口法　窗口法分为包容拾取和相交拾取。

1）包容拾取：在图形的左上角空白处单击，将光标向右下移动拉出窗口，将要选择的图形包容在窗口内，再单击，即完成窗口选择图像。

2）相交拾取：在空白处单击，将光标向左向上拉出窗口，图形与窗口相交或包容，再单击，此时，与窗口接触到的图线及图形全部被拾取。

8.2.4 视图的缩放与平移

1. 用鼠标操作

绘图时，向前或向后滚动鼠标滚轮可使图形放大或缩小显示；按住鼠标滚轮并拖动鼠标，可平移窗口中的图形；双击鼠标滚轮，图形缩放到能够显示所有图形的最大范围。

2. 用导航栏

AutoCAD 2016 绘图区右侧的菜单栏中，有"平移"按钮和"缩放"按钮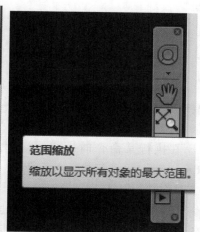，如图 8-5 所示。

图 8-5　"平移"及"缩放"按钮

8.2.5 设置图形单位与精度

机械图样通常以 mm 为单位，可在"开始"下拉菜单中单击"图形实用工具"中的"单位"按钮，在"图形单位"对话框中选择单位，如图 8-6 所示。

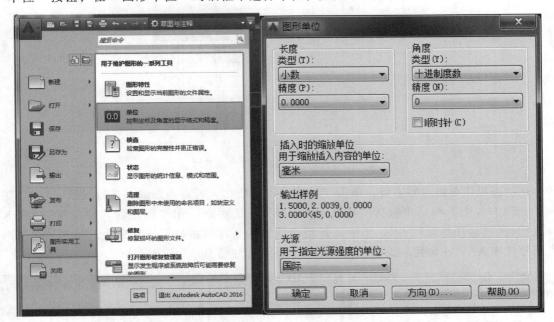

图 8-6 "图形单位"对话框

8.3 AutoCAD 2016 二维基本绘图与图层管理

8.3.1 坐标的表示方法

在 AutoCAD 中，点的坐标可用绝对直角坐标、绝对极坐标和相对坐标来表示。

（1）绝对直角坐标 该坐标是从（0，0）出发的位置，数值可为小数也可为分数，数值间以逗号隔开，如（5.0，4.2）、（10.1，12.2）。

（2）绝对极坐标 该坐标是从（0，0）出发的位置，首先指出该点距（0，0）的距离，再指出这两点连线与 X 轴正方向的夹角，距离与夹角中间用" < "隔开，如（10<60）、（15<20）。

（3）相对坐标 该坐标是从上一点出发的位置，其表示方法是在绝对坐标前加"@"，如（@5.0，4.2）、（@10<60）。

8.3.2 使用动态输入

在状态栏中，可以单击启用动态输入，启用后，在鼠标光标附近会显示其当前位置、尺寸标注、长度及角度等信息。如图 8-7 所示，当绘制直线时启用动态输入，单击直线起点后移动鼠标光标，鼠标光标附近显示其当前位置及尺寸标注。

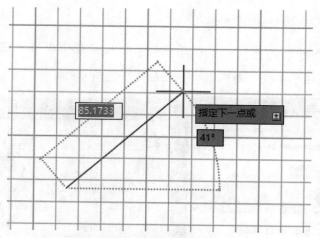

图 8-7　显示鼠标光标当前位置及尺寸标注

在状态栏中单击鼠标右键，单击"动态输入"按钮，可对动态输入进行设置。"动态输入"选项卡（图 8-8a）中包括"指针输入设置"（图 8-8b）和"标注输入的设置"（图 8-8c）。勾选"启用指针输入"，十字光标当前位置的坐标值将显示于其旁边；勾选"可能时启用标注输入"，在创建和编辑几何图形时会显示标注信息。

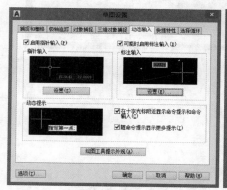

a)"动态输入"选项卡

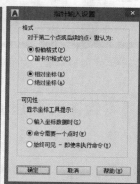

b)"指针输入设置"对话框

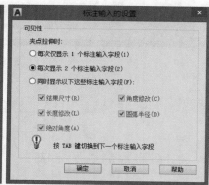

c)"标注输入的设置"对话框

图 8-8　动态输入设置

8.3.3　使用辅助工具精确绘图

1. 栅格与捕捉

单击状态栏中的"显示图形栅格"按钮，可在绘图区开启栅格，使用栅格可以直观查看对象之间的距离，如图 8-9 所示。

单击状态栏中的"栅格捕捉"按钮，可启动栅格捕捉模式，在此模式下，鼠标光标将按照一定距离移动。"捕捉和栅格"选项卡如图 8-10 所示。

2. 对象捕捉

绘图时，单击状态栏中的"对象捕捉"按钮，开启对象捕捉功能。图 8-11 所示为使用对象捕捉功能捕捉到圆心。

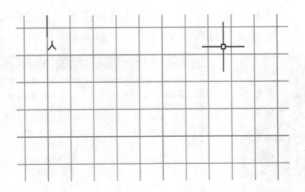

图 8-9　开启栅格

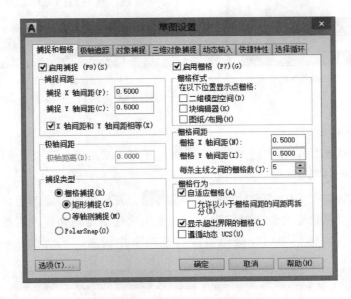

图 8-10　"捕捉和栅格"选项卡

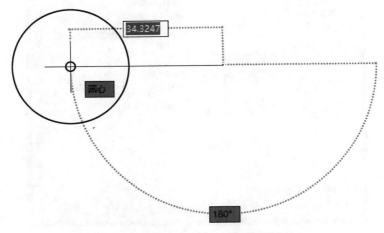

图 8-11　使用对象捕捉功能捕捉到圆心

对象捕捉的内容可在"对象捕捉设置"下拉菜单中选择，如图 8-12a 所示；也可在"草图设置"对话框中的"对象捕捉"选项卡中设置，如图 8-12b 所示。

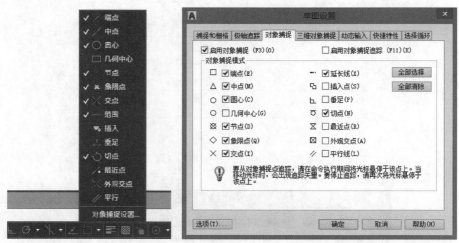

a)"对象捕捉设置"下拉菜单　　　　　　　b)"对象捕捉"选项卡

图 8-12　对象捕捉设置

3. 正交与极轴追踪

绘图时，单击状态栏中的"正交"按钮 ，开启正交功能。正交功能可使鼠标光标只沿水平或垂直的方向移动。

绘图时，单击状态栏中的"极轴追踪"按钮 ，开启极轴追踪功能。极轴追踪功能可使鼠标光标沿极轴增量角定义的极轴方向移动，常用来绘制指定角度的直线。极轴追踪的角度可在"草图设置"对话框中的"极轴追踪"选项卡中设置，系统默认增量角为 90°，如图 8-13 所示。

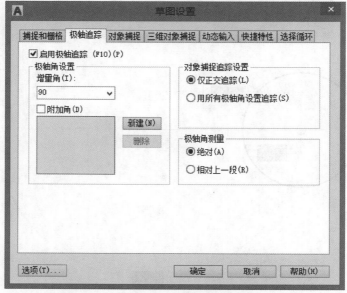

图 8-13　"极轴追踪"选项卡

当增量角改为 30°的时候，极轴追踪角度为 30°、60°、90°等，为 30°的整数倍，如图 8-14 所示。

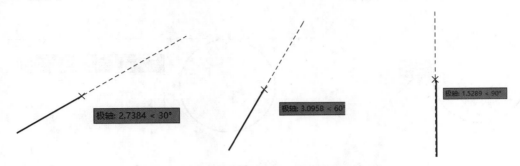

图 8-14　当增量角为 30°时的极轴追踪情况

附加角可以是一个也可以是多个，如图 8-15a 所示，当增量角为 90°，新建附加角为 16°时，极轴追踪情况如图 8-15b 所示。

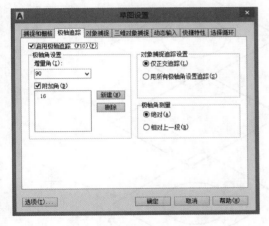 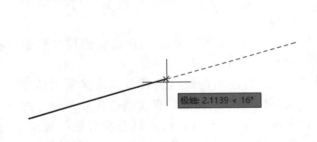

a) 新建16°附加角

b) 增量角为90°，附加角为16°时的极轴追踪情况

图 8-15　附加角设置

4. 对象捕捉追踪

绘图时，单击状态栏中的"对象捕捉追踪"按钮■，开启对象捕捉追踪功能。对象捕捉追踪功能是在捕捉到对象的特点后，将这些特征点作为基点进行正交或极轴追踪，追踪模式可在"对象捕捉追踪设置"对话框中设置。对象捕捉追踪功能可以是单对象追踪，也可以是双对象追踪，分别如图 8-16a、b 所示。

8.3.4　图层管理

图层可以将不同属性的图形对象分类管理，它用叠加的方法来存放一副图形的各种信息。可以将图层想象成透明的薄片，把图形的各个元素画在不同的薄片上，再将薄片叠加在一起，获得的图形如图 8-17 所示。

1. 新建并设置图层

在"格式"下拉菜单中选择"图层"命令，或在"默认"选项卡中单击"图层特征"

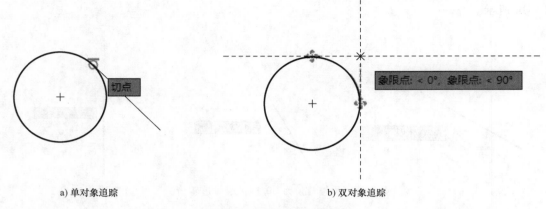

a) 单对象追踪   b) 双对象追踪

图 8-16　对象捕捉追踪模式

按钮 ▦，即可调出"图层特性管理器"对
话框，如图 8-18 所示，在此对话框中，不仅
可以新建图层，删除图层，将所需图层设置
为当前图层，还可以进行图层的开关、冻
结、锁定、颜色、线型、线宽、打印等的
控制。

　　一般可以用"0 层"作粗实线层（轮廓
线），但不能改图层名称。

　　设置图线的线宽及线型，根据制图标准
及 CAD 绘图的特点，粗实线选择 0.5mm，细
实线选择 0.25mm；线的颜色没有统一规定。
图 8-19 所示为图层相关操作的按钮及快捷键。

　　图层的创建在"图层特性管理器"对话
框内完成。例如："点画线"图层的设置。

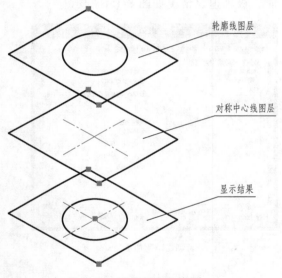

图 8-17　图层原理示意图

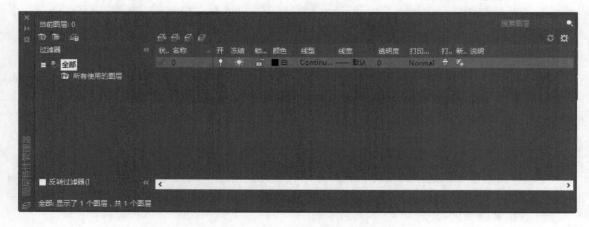

图 8-18　"图层特性管理器"对话框

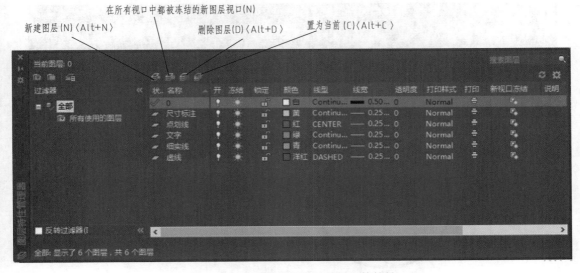

图 8-19　图层相关操作的按钮及快捷键

① 调出"图层特性管理器"对话框。

② 创建图层。单击"图层特性管理器"对话框中的"新建图层"按钮，即在"图层特性管理器"对话框中增加一个新的图层，并输入新建图层的名称。

③ 设置图层参数。分别单击"图层特性管理器"对话框中的"颜色""线宽"按钮，输入对应参数，完成后单击"确定"按钮，在"图层特性管理器"对话框中显示所选定的内容。

④ 改变"线型"。改变"线型"需要进行"加载"操作。

2. 控制图层状态

（1）绘图前选定图层　在绘图前选定图层，单击"图层"按钮，选定需要的图层，"图层工具栏"的窗口显示当前的图层及该图层的状态，所绘制的图线即在该图层中，如图 8-20 所示。

（2）绘图后改变图层　在图线画完后，可以改变图线的图层，从而修改图线，方法如下。

① 命令提示窗口："命令："即没有选择命令的情况下，用鼠标拾取要改变的图线（可以选择多条），该图线"变虚"同时图线中有"亮点"出现。

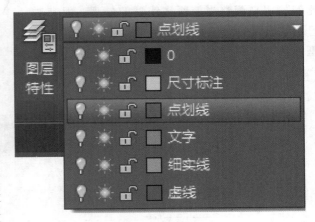

图 8-20　图层的选定

② 单击"图层工具栏"的窗口，单击选定需要的图层，按空格键结束，即完成图线的修改，如图 8-21 所示。

8.3.5　修改非连续线型的外观

非连续线型指虚线、点画线、双点画线等。为保证打印出图时区别于连续线型，可通过

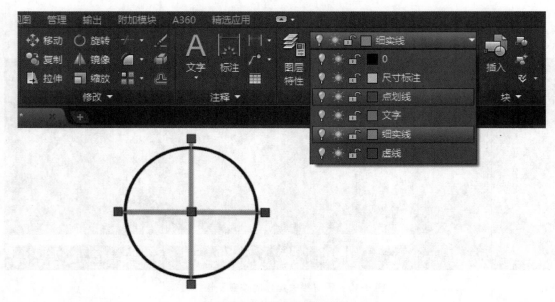

图 8-21 用图层改变图线

设置线型比例因子来调整，如图 8-22 所示。

在"格式"下拉菜单栏中单击"线型"按钮，调出"线型管理器"对话框，如图 8-23 所示。"线型管理器"对话框中"全局比例因子"用来调整所有非连续线型外观；"当前对象缩放比例"用来调整当前所选线型的外观，但其对已绘线型没有影响；若要调整已绘制非连续线型外观，可先选中要调整的对象，然后单击"视图"选项卡中的"特性"按钮，再修改线型比例，如图 8-24 所示。

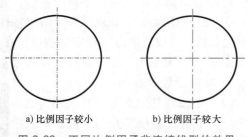

a) 比例因子较小　　b) 比例因子较大

图 8-22 不同比例因子非连续线型的效果

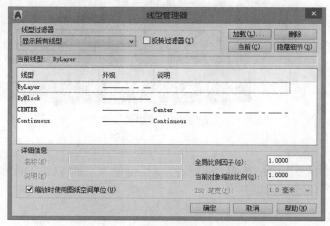

图 8-23 "线型管理器"对话框

图 8-24 修改选定对象的线型比例

8.4 绘制平面图形

8.4.1 绘图命令

绘图命令可通过"绘图"菜单栏或"默认"选项卡中的"绘图"调出，如图 8-25 怕示。

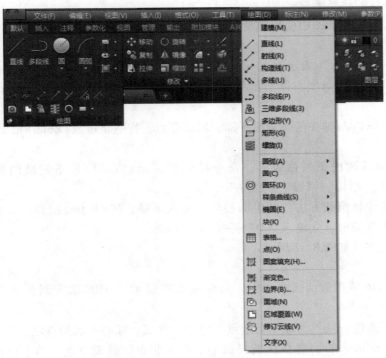

图 8-25 绘图命令

1. 直线

"直线"命令 ■ 的使用，基本方法有三种，如图 8-26 所示。

1）已知直线的第一点和该直线在水平或竖直方向的距离，绘制直线的方法。

① 单击选取直线第一点（或已在第一点上），命令提示窗口显示"line 指定下一点"。

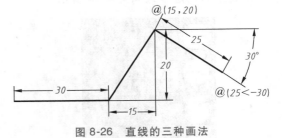

图 8-26 直线的三种画法

② 在"极轴"打开的状态下，沿直线第二点 X（或 Y）方向移动鼠标光标，此时有"极轴"追踪的直线显示。

③ 输入直线的长度，单击鼠标右键确认或按<Enter>键。

2）已知直线第二点相对于第一点的相对水平及竖直坐标（ΔX，ΔY），绘制直线的方法。

① 单击选取直线第一点（或已在第一点上），命令提示窗口显示"line 指定下一点"。

② 输入直线下一点的坐标"@ΔX，ΔY"（@表示相对坐标），单击鼠标右键确认或按<Enter>键。

3）已知直线长度和倾斜角度（极轴线）绘制直线的方法。

① 单击选取直线第一点（或已在第一点上），命令提示窗口显示"line 指定下一点"。

② 输入直线下一点的极坐标"@长度<角度"，单击鼠标右键确认或按<Enter>键。

4）绘制直线的注意事项：

① AutoCAD 2016 绘图中使用键盘时，输入法一定要切换到"英文"状态，否则键盘不起作用。

② 键盘输入的"@"表示对上一点的相对坐标，没有"@"表示绝对坐标。用键盘输入的"<"表示直线的角度，以直线第一点为起点，X轴正方向为0°，逆时针旋转方向为正。

③ 按键盘的<Esc>键在任何情况下都能回到起点，按空格键或<Enter>键重复上次命令。

2. 圆

AutoCAD 2016 调出画圆命令后，命令提示栏显示"CIRCLE 指定圆的圆心或［三点（3P）两点（2P）相切、相切、半径（T）］"。

默认的圆心半径画圆方法：选定圆心后，输入半径，按<Enter>键即可，若输入的值为直径，则在输入数值前，先输入"D"并按<Enter>键。

画圆的其他方式如图 8-27 所示。

3. 圆弧

AutoCAD 2016 调出画圆弧命令后，命令提示栏显示"ARC 指定圆弧的起点或［圆心（C）］"。

三点绘制圆弧法，三点的顺序是起点、中点、终点；弧心和起始点法，在命令提示栏中输入"C"并按<Enter>键，再依次选择弧心、圆弧起点、圆弧终点，单击鼠标右键确认或按<Enter>键。

画圆弧的其他方式如图 8-28 所示。

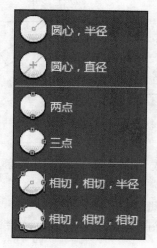

图 8-27　画圆的方式

图 8-28　画圆弧的方式

4. 矩形及正多边形

矩形和多边形的绘制方法与绘制直线、圆等基本相同，都是根据命令提示窗口的提示进行操作，应注意总结学习，掌握了与命令提示窗口的对话操作，便可迅速地掌握 AutoCAD 2016 绘图的技巧。

（1）矩形　绘制矩形，首先调出矩形命令 ▭。

① 命令提示栏显示"指定第一个角点或［倒角（C）/标高（E）/圆角（F）/厚度（T）/宽度（W）］"，单击拾取矩形的一个角点。

② 命令提示栏显示"指定另一个角点或［面积（A）/尺寸（D）/旋转（R）］"，单击拾取矩形另一个角点，该角点可以用相对坐标（@ΔX，ΔY）的格式输入，即完成矩形图形的绘制。

（2）多边形　绘制正多边形，首先调出多边形命令 ⬠。

① 命令提示栏显示"POLYGON_polygon 输入边的数目<4>"，键盘输入多边形的边数，按<Enter>键。

② 命令提示栏显示"指定正多边形的中心或［边（E）］"，单击拾取正多边形的中心点，如已知正多边形的边长时，选"E"。

③ 命令提示栏显示"输入选项［内接于圆（I）/外切于圆（C）］<I>"，选择需要的选项后按<Enter>键。

④ 命令提示栏显示"指定圆的半径"，移动鼠标即显示正多边形，输入半径数值，按<Enter>键，即完成正多边形的绘制。

5. 图案填充

在绘图时，可使用图案填充、实体填充或渐变填充来填充封闭区域或选定对象，在机械图样中可用来绘制剖面符号。

输入命令后，对话框如图 8-29 所示。对话框中包括"边界""图案""特性"及"选项"等选项卡。

图 8-29　"图案填充"对话框

在"边界"选项卡中，"拾取点"命令可以拾取一个或多个封闭区域对象，确定图案填充边界；"选择"命令可以选取封闭区域的边界来确定填充边界；"删除"命令可以删除此前添加的任何对象；"重新创建"命令可以围绕选定的图案填充或填充对象创建多段线或面域。

"图案"选项卡中有多个选项，机械图样中，填充图案通常选"ANSI 31"。

"特性"选项卡可根据需要改变图案填充类型及颜色，或修改透明度、角度及比例。

"选项"选项卡可以改变绘图顺序来指定图案填充显示在其他对象的上面或下面。

6. 其他常用绘图命令

AutoCAD 2016 其他常用的绘图命令见表 8-1。

表 8-1　Auto CAD 2016 其他常用的绘图命令

绘图命令	命令执行及说明
构造线（创建无限长的直线）	指定点或[水平（H）/垂直（V）/角度（A）/二等分（B）/偏移（O）]:输入两个点绘制构造线 H:创建一条通过选定点的水平构造线 V:创建一条通过选定点的垂直构造线 A:以指定的角度创建一条通过选定点的构造线 B:创建经过选定的角顶点,并且将选定两条线之间夹角平分的构造线 O:创建偏离选定对象一定距离或从一条直线偏移并通过指定点的构造线
多段线（创建作为单个对象相互连接的线段）	指定起点:输入多段线的起点 指定下一点或[圆弧（A）/闭合（C）/半宽（H）/长度（L）/放弃（U）/宽度（W）]:指定下一点或输入选项 A:由画直线变为画圆弧 C:从最后一点到起点绘制封闭的多段线 H:指定从多段线中心到其一边的宽度 L:在与上一线段相同的角度方向上绘制指定长度的直线段 U:删除最近一项添加到多段线上的直线段 W:指定下一条多段线的宽度
矩形（从指定的矩形参数创建矩形多段线）	指定第一个角点或[倒角（C）/标高（E）/圆角（F）/厚度（T）/宽度（W）]:指定矩形第一个角点或输入选项 C:设定矩形的倒角距离 E:指定矩形的标高 F:指定矩形的圆角半径 T:指定矩形的厚度 W:为要绘制的矩形指定多段线的宽度 指定另一个角点或[面积（A）/尺寸（D）/旋转（R）]:输入矩形的另一个角点或输入选项 A:使用面积与长度或宽度创建矩形 D:使用长和宽创建矩形 R:按指定的旋转角度创建矩形
椭圆（以指定参数创建椭圆或椭圆弧）	指定椭圆的轴端点或[圆弧（A）/中心点（C）]:根据两个端点定义椭圆的第一条轴,输入第一个端点 A:创建一段椭圆弧 C:使用中心点、第一个轴的端点和第二个轴的长度来创建椭圆 指定轴的另一个端点:指定第一个轴的第二个端点 指定另一个半轴长度或[旋转（R）]:使用从第一个轴的中点到第二个轴的端点的距离定义第二个轴 R:通过绕第一个轴旋转圆来创建椭圆
样条曲线（创建经过或靠近一组拟合点的平滑曲线）	指定第一个点或[方式（M）/节点（K）/对象（O）]:输入样条曲线的起点 输入下一个点或[起点切向（T）/公差（L）]:输入样条曲线的下一点 输入下一个点或[端点相切（T）/公差（L）/放弃（U）/闭合（C）]:可连续输入多点,或按<Enter>键结束命令

8.4.2　修改命令

修改命令可通过"默认"选项卡中的"修改"下拉菜单调出,如图8-30所示。

1. 常用修改命令

（1）复制　绘制相同的图形,可用"复制"命令完成,操作步骤如下:

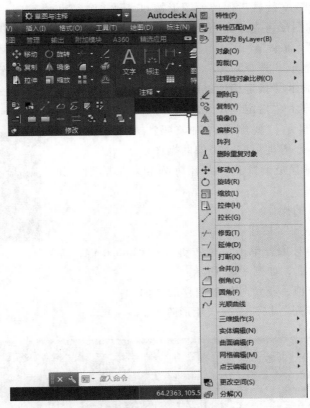

图 8-30 修改命令

1）调出"复制"命令。

2）命令提示栏显示"选择对象"，用鼠标拾取需要复制的图形，单击鼠标右键或按 <Enter>键。

3）命令提示栏显示"指定基点"，选取复制图形上的一点作为基点。

4）命令提示栏显示"指定第二点"，选取要复制图形的定位点，即完成图形复制。

（2）移动 绘图过程中需要移动图形位置时，用"移动"命令完成，操作方法与复制基本相同，操作步骤如下：

1）调出"移动"命令。

2）命令提示栏显示"选择对象"，拾取需要移动的图形，单击鼠标右键或按 <Enter>键。

3）命令提示栏显示"指定基点"，选取移动图形的一点作为基点。

4）命令提示栏显示"指定第二点"，选取要移动图形的定位点，即完成图形的移动。

（3）旋转 绘图过程中需要转动图形位置时，用"旋转"命令完成，操作步骤如下：

1）调出"旋转"命令。

2）命令提示栏显示"选择对象"，拾取要旋转的图形，单击鼠标右键或按<Enter>键。

3）命令提示栏显示"指定基点"，选取旋转的中心点。

4）命令提示栏显示"指定旋转角度，或［复制（C）/参照（R）]<0>"，输入旋转角度，即完成图形的旋转（旋转后保留原图形按<C>键并按<Enter>键。

（4）镜像　对称图形可先绘制出其一半，再进行镜像复制，操作步骤如下：

1）调出"镜像"命令。

2）命令提示栏显示"选择对象"，选择要镜像的图形，按<Enter>键。

3）命令提示栏显示"指定镜像线的第一点"，点取对称线上任意一点。

4）命令提示栏显示"指定镜像线的第二点"，点取对称线上的另一点。

5）命令提示栏显示"要删除源对象吗？ ［是（Y）/否（N）］<N>"，按<Enter>键即可完成镜像的操作。

（5）阵列　阵列有矩形阵列、路径阵列和环形阵列，如图 8-31 所示。

图 8-31　阵列命令

1）"矩形阵列"的操作。

① 单击"矩形阵列"按钮。

② 选择需阵列的对象，单击鼠标右键或按<Enter>键，弹出"矩形阵列"对话框，如图 8-32 所示。

③ 按需要输入数值，正负号控制偏移的方向。

④ 单击"关闭阵列"按钮，完成矩形阵列。

图 8-32　"矩形阵列"对话框

2）"环形阵列"的操作。

① 单击"环形阵列"按钮。

② 选择需阵列的对象，单击鼠标右键或按<Enter>键。

③ 命令提示栏显示"ARRAYPOLAR 阵列的中心点或 ［基点（B）/旋转轴（A）］"，单击阵列中心点，弹出"环形阵列"对话框，如图 8-33 所示。

④ 按需要输入数值。

⑤ 单击"关闭阵列"按钮，完成环形阵列。

图 8-33　"环形阵列"对话框

3）"路径阵列"的操作。

① 单击"路径阵列"按钮。

② 选择需阵列的对象，单击鼠标右键按<Enter>键。

③ 命令提示栏显示 "ARRAYPATH 选择路径曲线"，单击路径曲线，弹出 "路径阵列"对话框，如图 8-34 所示。

④ 按需要输入数值。

⑤ 单击 "关闭阵列"，完成路径阵列。

图 8-34 "路径阵列" 对话框

（6）偏移 根据已知直线和直线之间的距离画平行线，操作步骤如下：

1）调出 "偏移" 命令。

2）命令提示栏显示 "指定偏移距离 ［通过（T）/删除（E）/图层（L）］<通过>:"，输入直线间距离，按<Enter>键。

3）命令提示栏显示 "选择偏移对象"，选取已知直线。

4）命令提示栏显示 "指定偏移那一侧上的点"，在所画直线一侧单击一下，完成绘制。

按命令提示窗口进行操作，用鼠标选取已知直线，再指定偏移的一侧，可以连续进行指定距离的偏移操作。

（7）修剪 修剪是图线绘制完成后要去除部分图线的操作，操作步骤如下：

1）调出 "修剪" 命令 ⊶。

2）命令提示栏显示 "选择对象或<全部选择>"，选取修剪的边界，按<Enter>键。

3）命令提示栏显示 "选择要修剪的对象"，选取要去除的图线部分，即可完成图线的修剪。

不选择修剪边界直接按<Enter>键，表示绘图区中的图线都是边界，可用鼠标连续拾取要去除的图线部分。

（8）打断 使用 "打断" 命令可以在两点之间或单个点处打断选定对象，操作步骤如下：

1）调出 "打断" 命令 ⬒。

2）提示栏显示 "BREAK 选择对象"，单击要打断的对象，单击处默认为第一打断点。

3）提示栏显示 "BREAK 指定二个打断点 ［或第一点（F）］"，单击第二个打断点，命令结束。

（9）圆角 圆角是将不在一条直线上的两段直线（或圆弧），以指定圆角的方式进行连接的操作，操作步骤如下：

1）调出 "圆角" 命令 ⌐。

2）命令提示栏显示 "选择第一个对象或 ［放弃（U）/多段线（P）/半径（R）/修剪（T）/多个（M）］:"，键盘输入 "R" 并按<Enter>键。

3）命令提示栏显示 "指定圆角半径<0.000>" 键盘输入半径数值并按<Enter>键即可。

4）命令提示栏显示"选择第一个对象"，单击拾取圆角的一条图线。

5）命令提示栏显示"选择第二个对象"，单击拾取圆角的另一条图线（拾取圆角的图线没有顺序要求）即完成圆角的绘制。

2. 其他常用修改命令

AutoCAD 2016 其他常用的修改命令见表 8-2。

表 8-2 其他常用的修改命令

修改命令	命令执行及说明
删除（删除选中的对象）	选择对象:选取单个或多个对象 选择对象:按<Enter>键结束命令
延伸（扩展对象以与其他对象的边相接）	选择对象或<全部选择>:选择一个或多个对象并按<Enter>键,或者按<Enter>键选择所有对象 选择要延伸的对象,或按住<Shift>键选择要修剪的对象,或[栏选(F)/窗交(C)/投影(P)/边(E)/放弃(U)] 选择要延伸的对象,或按住<Shift>键选择要修剪的对象,或输入其他选项
拉伸（拉伸窗交窗口部分包围的对象,移动完全包含在窗交窗口中的对象或单独选定的对象）	选择对象:使用"圈交"选项或交叉对象选择方法指定对象中要拉伸的部分,完成选择后按<Enter>键 指定基点或[位移(D)]<位移>:指定基点,将计算自该基点的拉伸的偏移量 指定第二个点或<使用第一个点作为位移>:指定第二个点,从基点到此点的距离和方向将定义对象的选定部分拉伸的距离和方向
删除重复对象（删除重复或重叠的直线、圆弧和多段线,合并局部重叠或连续的对象）	选择对象:选择重复或重叠对象（一般框选对象而不是单击某一对象） 选择对象:按<Enter>键结束命令
合并（在其公共端点处合并一系列有限的线性和开放的弯曲对象,以创建单个二维或三维对象）	选择源对象或要一次合并的多个对象:选择单一对象作为源对象或者选择两个以上对象直接按<Enter>键合并 选择要合并的对象:选择对象以合并到源对象 选择要合并的对象:按<Enter>键结束命令
光顺曲线（在两条选定直线或曲线之间的间隙中创建样条曲线）	选择第一个对象或[连续性(CON)]:选择样条曲线起点附近的直线或开放曲线 选择第二个点:选择样条曲线端点附近的另一条直线或开放的曲线
分解（分解多段线、标注、图案填充或块参照等合成对象,将其转换为单个元素）	选择对象:选择要分解的对象 选择对象:按<Enter>键结束选择

8.4.3 文字注释

绘制工程图时，经常输入必要的文本注释信息，而在注写文本时一般先确定文字样式。

1. 文字样式

"文字样式"对话框可通过单击菜单栏中的"格式"中的"文字样式"按钮调出；或在

"注释"选项卡中，单击"文字"右下角的箭头即可调出"文字样式"对话框，如图 8-35 所示。"文字样式"对话框包括"字体""大小""效果"等选项组，如图 8-36 所示。

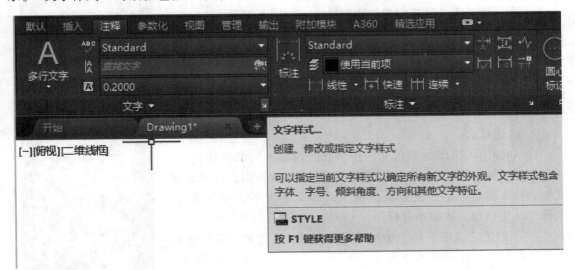

图 8-35　通过"注释"选项卡调出"文字样式"对话框

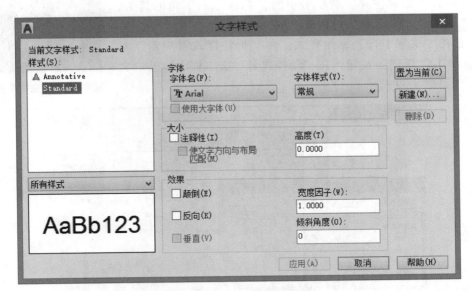

图 8-36　"文字样式"对话框

2. 文字注释

文字注释可以是"单行文字"，也可是"多行文字"，如图 8-37 所示。

（1）单行文字　使用"单行文字"可以创建一行或多行文字，每行文字都是一个独立的对象，可对其进行移动和格式设置等。

（2）多行文字　使用"多行文字"可以创建以文字段落作为单个对象的文本，即文本框。文本框的长度、宽度、文字样式等均可在编

图 8-37　文字注释

辑器中进行更改。

（3）特殊符号　有一些特殊符号不能用键盘直接输入，可通过"符号"插入或通过相应的快捷键输入，如图 8-38 所示。

8.4.4　尺寸标注

尺寸标注是绘图过程的一项重要内容，AutoCAD 2016 中可通过"标注"菜单或"注释"选项卡进行标注。标注前，一般要先设置标注样式。

1. 标注样式

在 AutoCAD 2016 绘图尺寸标注中需要设置不同的标注样式。一旦创建了标注样式，在以后的画图中可以继续使用，因此，样式的名称要清楚准确，便于长久使用，如文字水平、文字平行、半标注、比例放大或缩小等标注。

（1）创建"文字平行"的尺寸标注样式　"文字平行"的标注样式是尺寸标注的基本样式。

1）打开"标注样式管理器"对话框。单击"标注"菜单栏下"标注样式"或"注释"选项卡中的"标注"右下角的箭头，即显示"标注样式管理器"对话框。

2）创建"文字平行"标注样式。在"标注样式管理器"对话框中，单击"新建"按钮，在"新样式名"文本框中输入"文字平行"，如图 8-39 所示。

图 8-38　特殊符号的输入

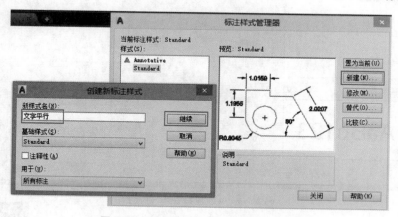

图 8-39　新建"文字平行"标注样式

3）设置"文字平行"标注样式的参数。在"新建标注样式：文字平行"对话框中，有 7 个选项卡。在设置的过程中，图线等的内容是随图层变化的，不需要设置，有些内容是不常用的，也不需要设置，所以不要随便改动。

① 在"线"选项卡中设置"基线间距"为"5"（$\sqrt{2}$ 倍字高）；"超出尺寸线"为"2"（或 3）；"起点偏移量"为"0"；其他选择"ByBlock"（随图层变化），如图 8-40 所示。

② 在"符号和箭头"选项卡中设置"箭头"均为"实心闭合"；"箭头大小"为 2.5

（或3.5），如图8-41所示。

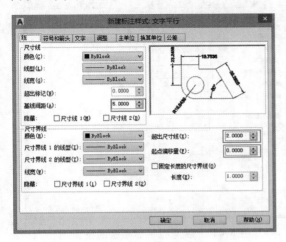

图 8-40　"线"选项卡的设置

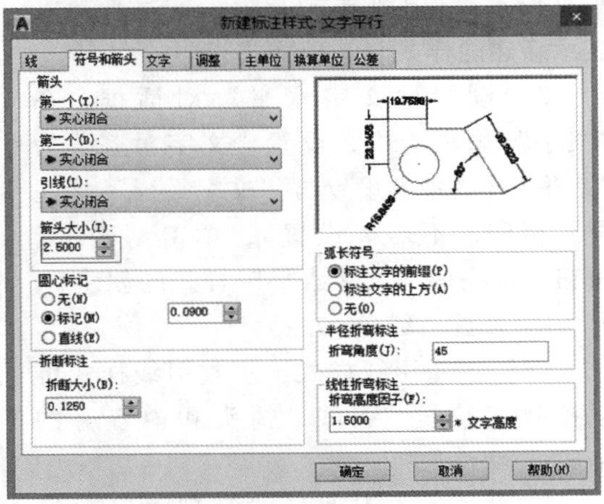

图 8-41　"符号和箭头"选项卡的设置

③ 在"文字"选项卡中设置"文字高度"为"3.5"；"文字位置"中的"垂直"为"居中"，"水平"为"居中"，"从尺寸线偏移"为"1"（或1.2）；"文字对齐"为"与尺寸线对齐"，如图8-42所示。

④ 在"调整"选项卡中设置"调整"选项为"文字"，如图8-43所示。

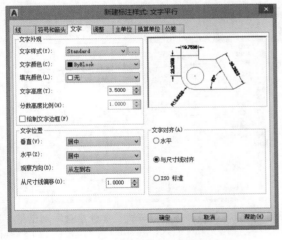

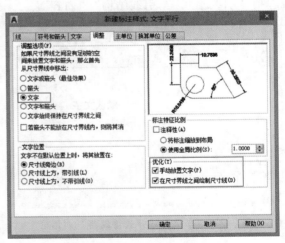

图 8-42　"文字"选项卡的设置

图 8-43　"调整"选项卡的设置

⑤ 在"主单位"选项卡中设置"小数分隔符"为"句点"；"比例因子"为"1"（当用放大或缩小比例画图时，可通过此设置标注），如图8-44所示。

4）检查确定。检查每个选项卡中的设置是否正确，确认无误后，单击"确定"按钮；回到"标注样式管理器"对话框，确认无误后，单击"确定"按钮，即完成尺寸样式"文字平行"的创建及设置。

（2）创建"文字水平"标注样式

1）创建"文字水平"样式。在"标注样式管理器"对话框中，单击"新建"按钮，在"新样式名"文本框中输入"文字水平"设置;"基础样式"为"文字平行",表示新建的样式与基础样式相同。

2)设置"文字水平"对话框。在"文字"选项卡中,设置"文字对齐"为"水平"(其他的设置与"文字平行"标注样式相同,不需要设置),单击"确定"按钮,即完成"文字水平"样式的创建。

2. 多重引线

(1)多重引线样式 多重引线样式可以控制其基线、引线、箭头和内容等的格式。

打开"多重引线样式管理器"对话框。单击"格式"菜单栏中"多重引线样式"按钮或"注释"选项卡中"引线"右下角的箭头,弹出"多重引线样式管理器"对话框,如图8-45所示。其设置方法与"标准样式管理器"对话框类似。

图8-44 "主单位"选项卡的设置

(2)标注零件序号 多重引线常用于标注零件序号,在"多重引线样式管理器"对话框中单击"新建"按钮,创建"零件序号"引线样式,如图8-46所示。对话框中的选项卡包括"引线格式""引线结构""内容"。

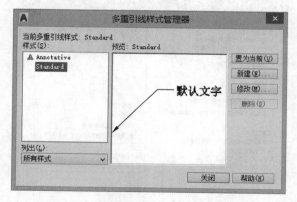

图8-45 "多重引线样式管理器"对话框

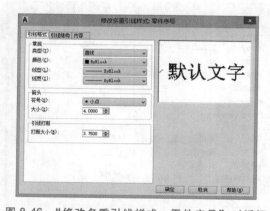

图8-46 "修改多重引线样式:零件序号"对话框

1)根据需要设置好多重引线样式后,可在"标注"菜单栏中单击"多重引线"按钮或在"注释"选项卡中单击"多重引线"按钮,调出"多重引线"命令。

2)命令提示栏显示"MLEADER 指定引线箭头的位置或[引线基线优先(L)/内容优先(C)/选项(O)]<选项>:",指定引线箭头的位置。

3)命令提示栏显示"MLEADER 指定引线基线的位置",指定基线位置,输入多行文字内容。

(3)标注几何公差

1)在命令提示栏中输入"LE",命令提示栏显示"指定第一个引线点或[设置(S)]<设置>"。

2）输入"S"，调出"引线设置"对话框，如图8-47所示。

3）确定引线设置后，命令提示栏显示"指定第一个引线点或［设置（S）］<设置>"，指定一系列引线线段中第一个引线线段的起点。

4）命令提示栏显示"指定下一点"，指定一系列引线线段中第二个引线线段的起点。

5）命令提示栏显示"指定下一点"，指定一系列引线线段中第二个引线线段的终点，弹出"形位公差"对话框，输入几何公差符号、数值、基准的信息，单击"确定"即可，如图8-48所示。

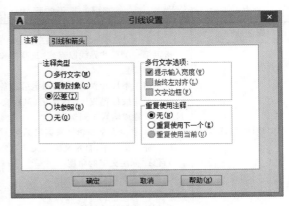

图8-47　"引线设置"对话框

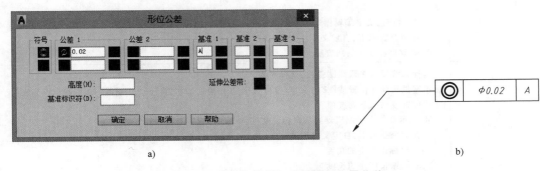

a)　　　　　　　　　　　　　　　　　b)

图8-48　"形位公差"对话框及位置公差

3. 尺寸标注命令

常见的尺寸标注命令如图8-49所示，其使用方法见表8-3。

8.4.5　创建和使用块

绘制图样时，有些图形是需要经常使用的，如各种规格的螺栓、螺母、螺钉等。为了减少重复工作，可将这类图形对象定义为块，使用时直接将其插入到所需位置。此外，形状相同但文字不同的图形可定义为带属性的块，使用时除将该图块插入所需位置外，还要修改文字。

1. 创建和使用普通块

块可以是系统内置的块，也可以是自定义的，可以是一个图形对象，也可以是多个图形对象组成的图形单元，可以作为一个独立、完整的对象来操作。

（1）使用系统内置的块　AutoCAD 2016的"工具选项板"和"设计中心"中内置了螺钉、螺母、轴承等一些常用的机械零件块，可根据需要调出使用。

1）使用"工具选项板"中的块。

图8-49　常见的尺寸标注命令

表 8-3　常见的尺寸标注命令的使用方法

标注命令	命令的执行及说明
"线性"标注	指定第一个尺寸界线原点或<选择对象>:指定第一条尺寸界线的原点或者按<Enter>键选择标注对象和位置 指定第二条尺寸界线原点:指定第二条尺寸界线的原点 指定尺寸线位置或[多行文字(M)/文字(T)/角度(A)/水平(H)/垂直(V)/旋转(R)]:指定尺寸线位置或输入下列选项 M:显示在位文字编辑器来编辑标注文字 T:在命令提示下,自定义标注文字 A:修改标注文字的角度 H:创建水平线性标注 V:创建垂直线性标注 R:创建旋转线性标注
"对齐"标注	指定第一个尺寸界线原点或<选择对象>:指定第一条尺寸界线的原点或按<Enter>键选择对象 指定第二条尺寸界线原点:指定第二条尺寸界线的原点 指定尺寸线位置或[多行文字(M)/文字(T)/角度(A)]:指定点,确定尺寸线位置或输入下列选项 M:显示在位文字编辑器来编辑标注文字 T:在命令提示下,自定义标注文字 A:修改标注文字的角度
"弧长"标注	选择弧线段或多段线圆弧段:选择对象 指定弧长标注位置或[多行文字(M)/文字(T)/角度(A)/部分(P)/引线(L)]:指定点,确定尺寸线位置或输入下列选项 M:显示在位文字编辑器来编辑标注文字 T:在命令提示下,自定义标注文字 A:修改标注文字的角度 P:缩短弧长标注的长度 L:添加引线对象,仅当圆弧(或圆弧段)大于90°时才会显示此选项
"半径"标注	选择圆弧或圆:选择要标注的圆或圆弧 指定尺寸线位置或[多行文字(M)/文字(T)/角度(A)]:指定点,确定尺寸线位置或输入下列选项 M:显示在位文字编辑器来编辑标注文字 T:在命令提示下,自定义标注文字 A:修改标注文字的角度
"弯折"标注	选择圆弧或圆:选择一个圆弧、圆或多段线圆弧 指定图示中心位置:指定点,作为折弯半径标注的新圆心,以用于替代圆弧或圆的实际圆心 指定尺寸线位置或[多行文字(M)/文字(T)/角度(A)]:指定点,确定尺寸线位置或输入下列选项 M:显示在位文字编辑器来编辑标注文字 T:在命令提示下,自定义标注文字 A:修改标注文字的角度 指定折弯位置:指定折弯的中点
"直径"标注	选择圆弧或圆:选择要标注的圆或圆弧 指定尺寸线位置或[多行文字(M)/文字(T)/角度(A)]:指定点,确定尺寸线位置或输入下列选项 M:显示在位文字编辑器来编辑标注文字 T:在命令提示下,自定义标注文字 A:修改标注文字的角度

（续）

标注命令	命令的执行及说明
"角度"标注	选择圆弧、圆、直线或<指定顶点>：选择圆弧、圆、直线，或按<Enter>键通过指定三个点来创建角度标注 指定标注弧线位置或［多行文字（M）/文字（T）/角度（A）/象限点（Q）］：指定点，确定尺寸线位置或输入下列选项 M：显示在位文字编辑器来编辑标注文字 T：在命令提示下，自定义标注文字 A：修改标注文字的角度 Q：指定标注应锁定到的象限

① 调出"工具选项板"中的块。单击"工具"——→"选项板"——→"工具选项板"按钮，单击"机械"按钮，显示机械零件图块。

② 插入图块。单击"六角螺母-公制"按钮，命令提示栏显示"EXECUTETOOL 指定插入点或［基点（B）/比例（S）/旋转（R）］"。

③ 单击插入点或按提示进行设置即可完成，如图 8-50 所示。

④ 另外，单击已插入的图块，出现三角图标，单击此图标，可对图块型号进行选择。

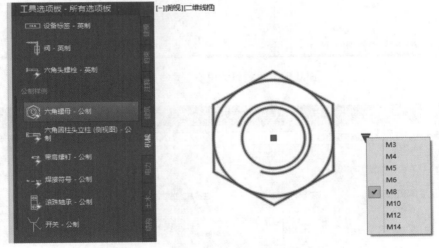

图 8-50 插入六角螺母图块

2）使用"设计中心"中的图块。

① 单击"工具"——→"选项板"——→"设计中心"按钮。

② 在打开的对话框中选择所需图块并单击鼠标右键，然后在弹出的快捷菜单中选择"插入块"命令，如图 8-51 所示。

③ 用鼠标右键单击"插入块"，弹出"插入"对话框，对插入点、比例、旋转进行设置，如图 8-52 所示。

④ 最后在绘图区中单击以指定插入位置即可。

（2）创建和存储自定义的图块 除了使用系统提供的图块外，还可以将一些常用的图形或符号制作成块，将其储存，以便在绘图过程中使用。

1）创建块。创建块时，需要指定块的名称、组成块的图形对象、插入时要使用的基点

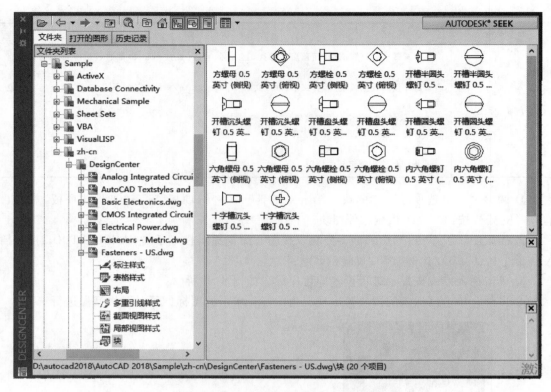

图 8-51 用"设计中心"命令插入块

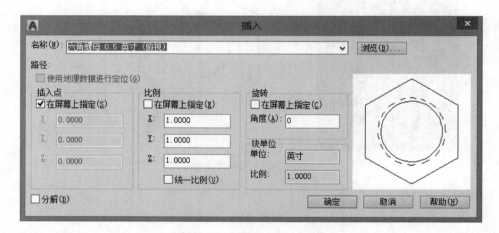

图 8-52 "插入"对话框

及块的单位等，如图 8-53a 所示。例如：要将图 8-53b 所示的双圆定义为块，具体操作方法
如下。

① 绘制要作为块的图形。

② 在"默认"选项卡中的"块"工具栏中单击"创建块"按钮，弹出"块定义"对
话框。

③ 在"名称"文本框中输入块的名称"双圆"。

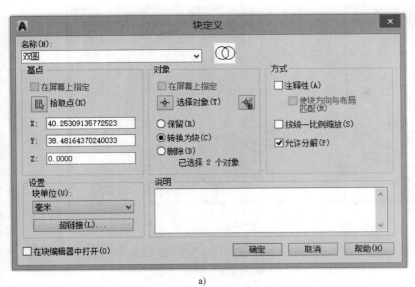

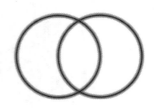

图 8-53　"块定义"对话框设置

④ 在"基点"选项组中勾选"拾取点",指定插入基点,此时系统自动返回至"块定义"对话框。

⑤ 单击"选择对象"按钮,选取预先画好的图形,按<Enter>键确认。

⑥ 采用默认选中的"转换为块"单选按钮,并在"块单位"下拉列表框中使用系统默认的单位"毫米",最后单击"确定"按钮,完成块的创建。

2)储存块。如果希望自定义创建的块在其他图形文件中也能使用,则需要储存块。要将前面创建的"双圆"块进行存储,可按如下方法进行操作。

① 在"插入"选项卡的"块定义"工具栏中单击"写块"命令按钮,弹出"写块"对话框,如图 8-54 所示。

② 拾取基点并选择对象,使用系统默认的插入单位"毫米"。

③ 单击"确定"按钮,完成块的储存。

(3)插入块　插入自定义块的步骤如下。

① 在"默认"或"插入"选项卡中的"块"工具栏中单击"插入"按钮,弹出"插入"对话框,如图 8-55 所示。

② 选择要插入的块或单击"浏览"按钮找到该块文件。

③ 指定插入点,设置比例和旋转角度,单击"确定"按钮即完成块的插入。若勾选左下角的"分解",则将所插入的

图 8-54　"写块"对话框

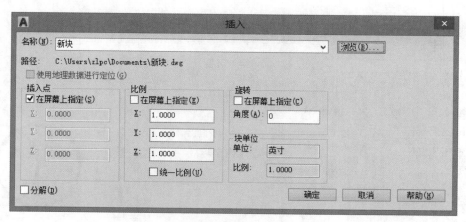

图 8-55　"插入"对话框

图块分解成单个图形对象。

（4）编辑块

1）双击绘图区中已经插入的图块，弹出"编辑块定义"对话框，如图 8-56 所示。

2）在该对话框中选择要编辑的块，然后单击"确定"按钮，打开块编辑界面，如图 8-57 所示。

3）该界面默认显示的选项卡为"块编辑器"，使用"默认""插入"等选项卡中的相关命令可对绘图区中的块图形进行编辑和修改。

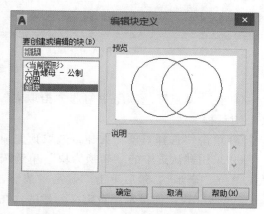

图 8-56　"编辑块定义"对话框

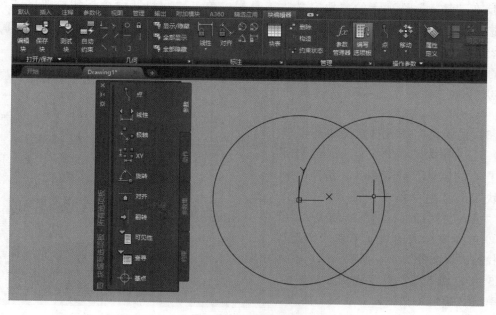

图 8-57　块编辑界面

4）编辑和修改后，单击"块编辑器"——→"保存块"按钮。

5）单击面板右侧的"关闭块编辑器"按钮，即完成块的编辑。

2. 创建和使用带属性的块

带属性的块实际上是由图形对象和属性对象组成的。下面以表面粗糙度符号为例，介绍带属性的块的创建、使用及编辑。

（1）创建带属性的块

1）在绘图区绘制表面粗糙度符号，如图 8-58 所示。

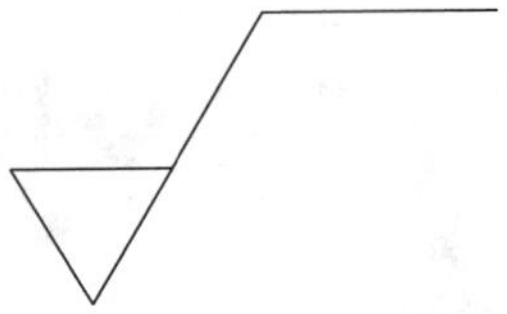

2）在"插入"选项卡中的"块定义"工具栏中单击"定义属性"按钮，打开"属性定义"对话框；参考图 8-59 所示内容，设置标记、提示、文字样式及高度等参数，单击"确定"按钮；然后在图形中合适的位置处单击，指定插入点，得到添加属性的表面粗糙度符号，如图 8-60 所示。

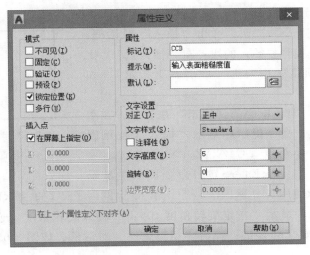

图 8-58　表面粗糙度符号

图 8-59　"属性定义"对话框

3）在"插入"选项卡中的"块定义"工具栏中单击"创建块"按钮，弹出"块定义"对话框，如图 8-61 所示，输入块名称；勾选"拾取点"，捕捉并单击图形的下端点，自动弹回"块定义"对话框；单击"选择对象"按钮，选择绘图区的表面粗糙度符号及属性，按<Enter>键弹回"块定义"对话框；单击"确定"按钮，至此可在当前文件中随时调用表面粗糙度符号块。

图 8-60　添加属性的
表面粗糙度符号

4）若想将该块应用于所有文件，则在"插入"选项卡中的"块定义"工具栏中单击"创建块"，按钮弹出"写块"对话框，如图 8-62 所示，选择好基点、对象及保存路径等，单击"确定"按钮即可。

（2）使用带属性的块　插入带属性的块方法与插入普通块相同，只是在插入结束时需重新输入属性值。例如：将前面创建的"表面粗糙度符号"块插入到图形中，如图 8-63 所示。

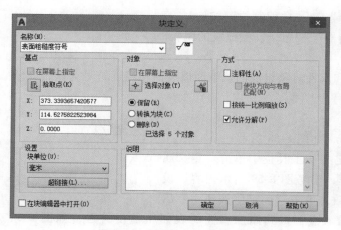

图 8-61 "块定义"对话框

图 8-62 "写块"对话框

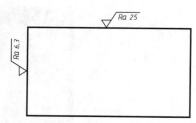

图 8-63 "表面粗糙度符号"
块插入到图形中

1）打开带有图形的文件，单击"插入"选项卡中"块"工具栏中的"插入"按钮，弹出"插入"对话框；单击"浏览"按钮，找到要插入的块；在"插入点""比例"及"旋转"选项组中均勾选"在屏幕上指定"，如图 8-64 所示。

2）单击"插入"对话框中的"确定"按钮后，在图形中单击插入点位置，命令提示栏显示"输入 X 比例因子，指定对焦点，或［角点（C）/XYZ（XYZ）<1>:"，输入 X 比例因子"1"，按<Enter>键；命令提示栏显示"输入 Y 比例因子或<使用 X 比例因子>:"，输入 比例因子"1"，按<Enter>键，或直接按<Enter>键；命令提示栏显示"指定旋转角度<0>:"，输入旋转角度（逆时针方向为正，默认旋转角度为0°），按<Enter>键；弹出"编辑属性"对话框，如图 8-65 所示，输入表面粗糙度值即可。

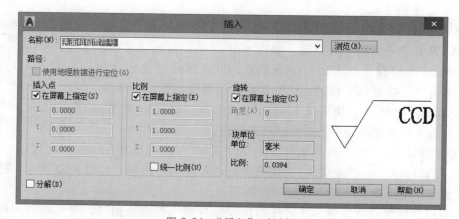

图 8-64 "插入"对话框

（3）编辑块属性 对图形中的块进行编辑，可以直接双击该块，弹出"增强属性编辑器"对话框，如图 8-66 所示，可对"属性""文字选项""特性"进行编辑。

图 8-65 "编辑属性"对话框

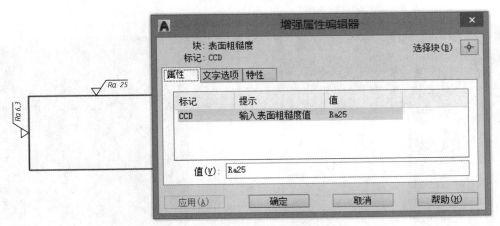

图 8-66 "增强属性编辑器"对话框

8.4.6 图形输出

1. 模型空间与图纸空间

图形输出是 AutoCAD 绘图的最后环节，本章主要介绍从模型空间打印输出图形，在图纸空间中设置布局进行图形打印输出。

（1）模型空间 模型空间是真实空间，也是工作的空间，在模型空间中可以绘制、查看、编辑二维图形或三维模型，还可以添加标注、注释等内容，如图 8-67 所示。

（2）图纸空间 图纸空间是布局空间，是打印输出空间，以布局的形式来使用，主要用于创建、设置和管理一个或多个图纸空间环境（布局）。一个图形文件可包含多个布局，每个布局代表一张输出图形用的图纸。单击状态栏中的"布局"按钮，打开图纸空间，如图 8-68 所示。

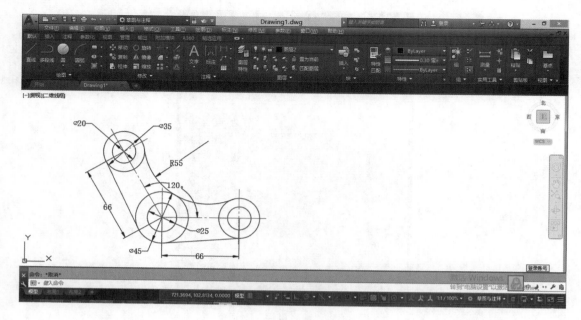

图 8-67　模型空间

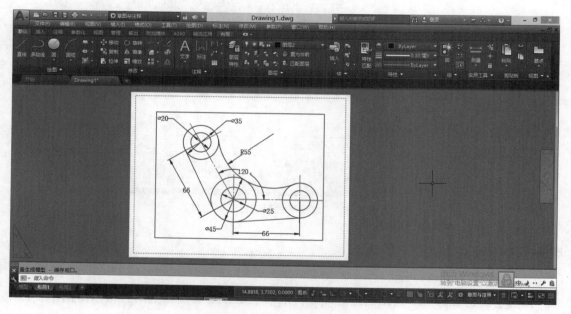

图 8-68　图纸空间中的布局图

2. 在图纸空间打印输出图形

（1）创建布局　在布局向导的引导下，可创建不同的布局版面和设置不同的打印条件。

单击"插入"选项卡中的"布局"中的"创建布局向导"按钮，弹出"创建布局"对话框，如图 8-69 所示，按需要完成该对话框中的"开始""打印机""图纸尺寸""方向""标题栏""定义视口"及"拾取位置"，最后单击"完成"按钮，即完成了布局的设置，

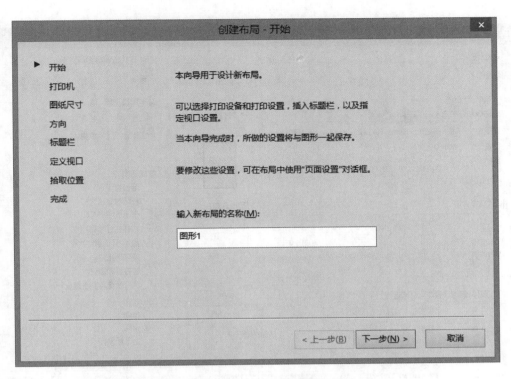

图 8-69 "创建布局-开始"对话框

用同样的方法可创建不同设置的布局。图纸空间创建完成后单击"打印预览"按钮,如图 8-70 所示。

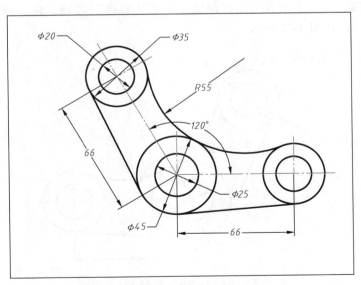

图 8-70 打印预览效果

(2)打印设置 单击"文件"选项卡中的"打印"按钮,打开"打印-图形 1"对话框,如图 8-71 所示,在此对话框中可对打印效果进行设置。

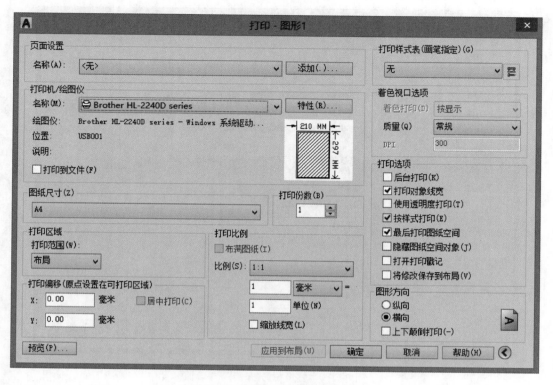

图 8-71 "打印-图形 1"对话框

（3）去掉视口线　选中视口线，在"图层特性管理器"中，将视口线层（或建立一个"视口线"层）的"灯"关闭或关闭打印机，单击"打印"按钮，输出图形，即可得到去掉视口线的图形 1，如图 8-72 所示。

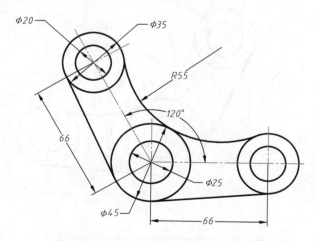

图 8-72　去掉视口线的图形 1 的效果图

3. 在模型空间打印输出图形

在模型空间打印输出图形比较简单，其操作方法如下：

单击"打印"按钮，弹出"打印-模型"对话框，如图 8-73 所示。在"页面设置"选项组中，选择图形文件名称；在"打印机/绘图仪"选项组中，选择打印机名称；在"图纸尺寸"选项组中，选择图纸大小；在"打印区域"选项组中，选择打印范围（包含图形）并勾选"居中打印"；在"打印比例"选项组中，选择打印比例；在"打印样式表"选项组中，选择黑白打印"monochrome.stb"；在"图形方向"选项组中，按图形方向选择图纸纵向或横向。

设置完成后，单击对话框左下角的"预览"按钮，输出图形。单击鼠标右键，选择"打印"，如果不满意以上的设置，可单击"退出"按钮，再重新设置。

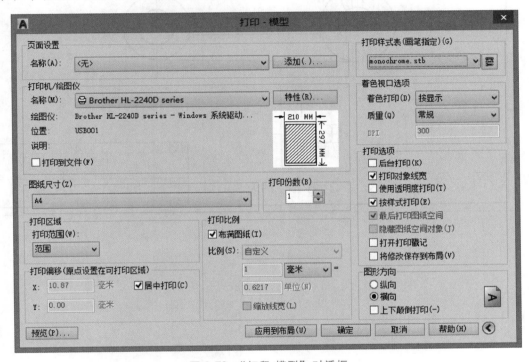

图 8-73　"打印-模型"对话框

8.4.7　综合示例

图 8-74 所示为连杆零件图。AutoCAD 的绘图方式灵活多样，可根据自己的绘图习惯进行绘图。本示例的绘图过程如下：

（1）创建图层　按常规创建粗实线、细实线、中心线、标注、文字等图层。

（2）绘图　根据结构特点，运用绘图、修改等工具进行绘图。

（3）标注　设置好标注样式及文字样式后，先标注零件的尺寸，包括尺寸公差，然后标注几何公差、表面粗糙度及文字的技术要求。

（4）检查零件图的图面布置　选择"Gb A3"图框显示界面，检查标题栏的内容是否正确。双击图框内界面，滚动鼠标滚轮调整零件图的全部内容在图框内的显示效果，完成零件图的图面布置，单击"保存"按钮即完成零件图的绘制。

（5）打印出图

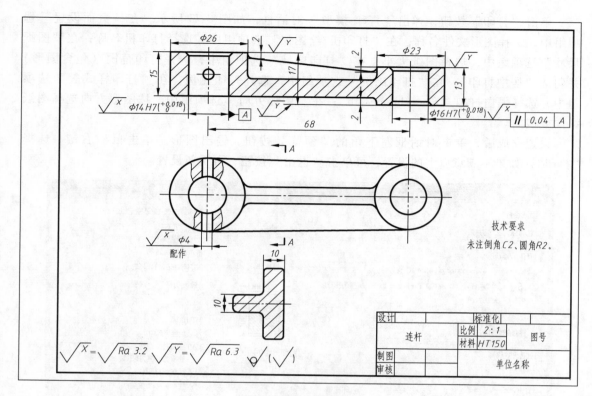

图 8-74　连杆零件图

附录

附录A 螺 纹

表 A-1 普通螺纹的直径与螺距（摘自 GB/T 193—2003、GB/T 196—2003）

（单位：mm）

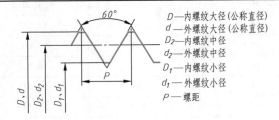

D—内螺纹大径(公称直径)
d—外螺纹大径(公称直径)
D_2—内螺纹中径
d_2—外螺纹中径
D_1—内螺纹小径
d_1—外螺纹小径
P—螺距

标记示例：

M10—6g（粗牙普通外螺纹、公称直径为 10mm、螺距为 1.5mm、右旋、中径及大径公差带代号均为 6g、中等旋合长度）

M10×1-6H-LH（细牙普通内螺纹、公称直径为 10mm、螺距为 1mm、中径及小径公差带代号均为 6H、中等旋合长度、左旋）

| 公称直径 D、d | | 螺距 P | | 粗牙中径 | 粗牙小径 |
第一系列	第二系列	粗牙	细牙	D_2、d_2	D_1、d_1
4	—	0.7	0.50	3.545	3.242
5	—	0.8		4.480	4.134
6	—	1	0.75	5.350	4.917
8	—	1.25	1,0.75	7.188	6.647
10	—	1.5	1.25,1,0.75	9.026	8.376
12	—	1.75	1.25,1	10.863	10.106
—	14	2	1.5,1.25,1	12.701	11.835
16	—	2	1.5,1	14.701	13.835
—	18	2.5	2,1.5,1	16.376	15.294
20	—	2.5		18.376	17.294
—	22	2.5		20.376	19.294
24	—	3		22.051	20.752
—	27	3		25.051	23.752
30	—	3.5	(3),2,1.5,1	27.727	26.211
—	33	3.5	(3),2,1.5	30.727	29.211
36	—	4	3,2,1.5	33.402	31.670
—	39	4		36.402	34.670

注：1. 优先选用第一系列，第三系列未列入。

2. 括号内尺寸尽可能不用。

表 A-2   非螺纹密封的管螺纹（摘自 GB/T 7307—2001）   （单位：mm）

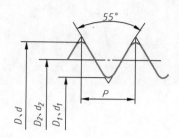

标记示例：

G1½-LH   （尺寸代号 1½，左旋内螺纹）
G1¼A   （尺寸代号 1¼，A 级右旋外螺纹）
G2B-LH   （尺寸代号 2，B 级左旋外螺纹）

尺寸代号	每 25.4mm 内的牙数	螺距	公称尺寸	
	n	P	大径 D、d	小径 D_1、d_1
1/4	19	1.337	13.157	11.445
3/8	19	1.337	16.662	14.950
1/2	14	1.814	20.955	18.631
3/4	14	1.814	26.441	24.117
1	11	2.309	33.249	30.291
1¼	11	2.309	41.910	38.952
1½	11	2.309	47.803	44.845
1¾	11	2.309	53.746	50.788
2	11	2.309	59.614	56.656
2¼	11	2.309	65.710	62.752
3	11	2.309	87.884	84.926

附录 B   螺 纹 件

表 B-1   六角头螺栓   （单位：mm）

六角头螺栓——C 级（摘自 GB/T 5780——2016）   六角头螺栓——A 和 B 级（摘自 GB/T 5782——2016）

   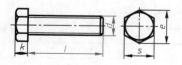

标记示例：

螺纹规格为 M12、公称长度 l=80、性能等级为 8.8 级、表面氧化、A 级的六角头螺栓

记为：螺栓   GB/T 5782—2016   M12×80

（续）

螺纹规格 d		M5	M6	M8	M10	M12	M16	M20	M24	M30	M36	M42
$b_{参考}$	$l_{公称}\leqslant 125$	16	18	22	26	30	38	46	54	66	—	—
	$125<l_{公称}\leqslant 200$	22	24	28	32	36	44	52	60	72	84	96
	$l_{公称}>200$	35	37	41	45	49	57	65	73	85	97	109
$k_{公称}$		3.5	4.0	5.3	6.4	7.5	10	12.5	15	18.7	22.5	26
s_{max}		8	10	13	16	18	24	30	36	46	55	65
e_{min}		8.63	10.89	14.2	17.59	19.85	26.17	32.95	39.55	50.85	60.79	71.3
$l_{范围}$	GB/T 5780	25~50	30~60	40~80	45~100	55~120	65~160	80~200	100~240	120~300	140~360	180~420
	GB/T 5781	10~50	12~60	16~80	20~100	25~120	30~160	40~200	50~240	60~300	70~360	80~420
$l_{公称}$		10、12、16、20~65（5 进位）、70~160（10 进位）、180、200、220~420（20 进位）										

注：1. A 级用于 1.6mm≤d≤24mm 和 l≤10d 或 l≤150 的螺栓；B 级用于 d>24mm 和 l>10d 或 l>150mm 的螺栓。

2. 螺纹规格 d 范围：GB/T 5780—2016 为 M5~M64；GB/T 5782—2016 为 M1.6~M64。

3. 公称长度范围：GB/T 5780—2016 为 25~500mm；GB/T 5782—2016 为 12~500mm。

表 B-2 双头螺柱（摘自 GB/T 897~900—1988）   （单位：mm）

$b_m=1d$（GB/T 897—1988） $b_m=1.25d$（GB/T 898—1988）

$b_m=1.5d$（GB/T 899—1988） $b_m=2d$（GB/T 900—1988）

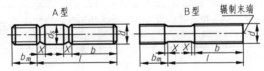

标记示例：

两端均为粗牙普通螺纹，$d=10$mm，$l=50$mm，性能等级为 4.8 级，B 型，$b_m=1d$

记为：螺柱　GB/T 897—1988 M10×50

旋入机体一端为粗牙普通螺纹，旋螺母一端为 $P=1$mm 的细牙普通螺纹，$d=10$mm，$l=50$mm，性能等级为 4.8 级，A 型，$b_m=1d$

记为：螺柱　GB/T 897—1988　AM10—M10×1×50

旋入机体一端过渡配合的第一种配合，旋螺母一端为粗牙普通螺纹，$d=10$mm，$l=50$mm，性能等级为 8.8 级，镀锌钝化，B 型，$b_m=1d$

记为：螺柱　GB/T 897—1988　GM10—M10×50—8.8—Zn·D

螺纹规格（d）	b_m（旋入机体端长度）				d_s	X	$\dfrac{l（螺柱长度）}{b（旋螺母端长度）}$		
	GB/T 897	GB/T 898	GB/T 899	GB/T 900					
M4	—	—	6	8	4	1.5P	$\dfrac{16~22}{8}$	$\dfrac{25~40}{14}$	
M5	5	6	8	10	5	1.5P	$\dfrac{16~22}{10}$	$\dfrac{25~50}{16}$	
M6	6	8	10	12	6	1.5P	$\dfrac{20~22}{10}$	$\dfrac{25~30}{14}$	$\dfrac{32~75}{18}$

（续）

螺纹规格(d)	b_m（旋入机体端长度）				d_s	X	l（螺柱长度）／b（旋螺母端长度）
	GB/T 897	GB/T 898	GB/T 899	GB/T 900			
M8	8	10	12	16	8	1.5P	$\frac{20\sim22}{12}$　$\frac{25\sim30}{16}$　$\frac{32\sim90}{22}$
M10	10	12	15	20	10	1.5P	$\frac{25\sim28}{14}$　$\frac{30\sim38}{16}$　$\frac{40\sim120}{26}$　$\frac{130}{32}$
M12	12	15	18	24	12	1.5P	$\frac{25\sim30}{16}$　$\frac{32\sim40}{20}$　$\frac{45\sim120}{30}$　$\frac{130\sim180}{36}$
M16	16	20	24	32	16	1.5P	$\frac{30\sim38}{20}$　$\frac{40\sim55}{30}$　$\frac{60\sim120}{38}$　$\frac{130\sim200}{44}$
M20	20	25	30	40	20	1.5P	$\frac{35\sim40}{25}$　$\frac{45\sim65}{35}$　$\frac{70\sim120}{46}$　$\frac{130\sim200}{52}$
M24	24	30	36	48	24	1.5P	$\frac{45\sim50}{30}$　$\frac{55\sim75}{45}$　$\frac{80\sim120}{54}$　$\frac{130\sim200}{60}$
M30	30	38	45	60	30	1.5P	$\frac{60\sim65}{40}$　$\frac{70\sim90}{50}$　$\frac{95\sim120}{66}$　$\frac{130\sim200}{72}$　$\frac{210\sim250}{85}$
M36	36	45	54	72	36	1.5P	$\frac{65\sim75}{45}$　$\frac{80\sim110}{60}$　$\frac{120}{78}$　$\frac{130\sim200}{84}$　$\frac{210\sim300}{97}$
M42	42	52	65	84	42	1.5P	$\frac{70\sim80}{50}$　$\frac{85\sim110}{70}$　$\frac{120}{90}$　$\frac{130\sim200}{96}$　$\frac{210\sim300}{109}$
M48	48	60	72	96	48	1.5P	$\frac{80\sim90}{60}$　$\frac{95\sim110}{80}$　$\frac{120}{102}$　$\frac{130\sim200}{108}$　$\frac{210\sim300}{121}$
$l_{公称}$	12,(14),16,(18),20,(22),25,(28),30,(32),35,(38),40,45,50,(55),60,(65),70,(75),80,(85),90,(95),100~260(10 进位),280,300						

注：1. 括号内的规格尽可能不用。

2. P 为螺距。

3. $b_m = 1d$，一般用于钢对钢；$b_m = 1.25d$、$b_m = 1.5d$，一般用于钢对铸铁；$b_m = 2d$，一般用于钢对铝合金。

表 B-3　1 型六角螺母　　　　　　　　　　　　　（单位：mm）

1 型六角头螺母—C 级
（GB/T 41—2016）

标记示例：

螺纹规格为 M12、性能等级为 5 级、表面不处理、产品等级为 C 级的 1 型六角螺母

记为：螺母　GB/T 41　M12

螺纹规格 D	M5	M6	M8	M10	M12	M16	M20	M24	M30	M36	M42
e_{min}	8.63	10.89	14.20	17.59	19.85	26.17	32.95	39.55	50.85	60.79	71.3
s_{max}	8	10	13	16	18	24	30	36	46	55	65
m_{max}	5.6	6.4	7.9	9.5	12.2	15.9	18.7	22.3	26.4	31.9	34.9

表 B-4　开槽盘头螺钉（摘自 GB/T 67—2016）　　　　　　（单位：mm）

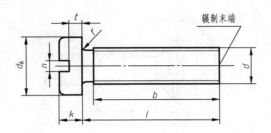

标记示例：

螺纹规格为 M5、公称长度 l=20mm、性能等级为 4.8 级、不经表面处理的 A 级开槽盘头螺钉

记为：螺钉　GB/T 67　M5×20

螺纹规格 d	M1.6	M2	M2.5	M3	M4	M5	M6	M8	M10
P(螺距)	0.35	0.4	0.45	0.5	0.7	0.8	1	1.25	1.5
b	25	25	25	25	38	38	38	38	38
d_{kmax}	3.2	4	5	5.6	8	9.5	12	16	20
k_{max}	1	1.3	1.5	1.8	2.4	3	3.6	4.8	6
n	0.4	0.5	0.6	0.8	1.2	1.2	1.6	2	2.5
r	0.1	0.1	0.1	0.1	0.2	0.2	0.25	0.4	0.4
t_{min}	0.35	0.5	0.6	0.7	1	1.2	1.4	1.9	2.4
l 范围	2~16	2.5~20	3~25	4~30	5~40	6~50	8~60	10~80	12~80
l 系列	2,2.5,3,4,5,6,8,10,12,(14),16,20,25,30,35,40,45,50,(55),60,(65),70,(75),80								

注：1. 括号内的规格尽可能不用。

　　2. M1.6~M3 的螺钉，公称长度 l≤30 的，制出全螺纹；M4~M10 的螺钉，公称长度 l≤40 的，制出全螺纹。

表 B-5　开槽沉头螺钉（摘自 GB/T 68—2016）　　　　　　　　　　（单位：mm）

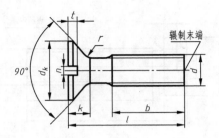

标记示例：

螺纹规格为 M5、公称长度 $l=20mm$、性能等级为 4.8 级、不经表面处理的 A 级开槽沉头螺钉

记为：螺钉　GB/T 68　M5×20

螺纹规格 d	M1.6	M2	M2.5	M3	M4	M5	M6	M8	M10
P（螺距）	0.35	0.4	0.45	0.5	0.7	0.8	1	1.25	1.5
b_{min}	25	25	25	25	38	38	38	38	38
d_{kmax}	3.0	3.8	4.7	5.5	8.4	9.3	11.3	15.8	18.3
k_{max}	1	1.2	1.5	1.65	2.7	2.7	3.3	4.65	5
n_{nom}	0.4	0.5	0.6	0.8	1.2	1.2	1.6	2	2.5
r_{max}	0.4	0.5	0.6	0.8	1	1.3	1.5	2	2.5
t_{max}	0.5	0.6	0.75	0.85	1.3	1.4	1.6	2.3	2.6
$l_{范围}$	2.5~16	3~20	4~25	5~30	6~40	8~50	8~60	10~80	12~80
$l_{系列}$	2.5,3,4,5,6,8,10,12,(14),16,20,25,30,35,40,45,50,(55),60,(65),70,(75),80								

注：1. 括号内的规格尽可能不用。

　　2. M1.6~M3 的螺钉，公称长度 $l≤30$ 的，制出全螺纹；M4~M10 的螺钉、公称长度 $l≤45$ 的，制出全螺纹。

表 B-6　开槽圆柱头螺钉（摘自 GB/T 65—2016）　　　　　（单位：mm）

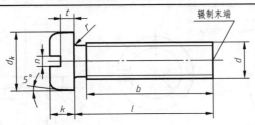

标记示例：

螺纹规格为 M5、公称长度 l=20mm、性能等级为 4.8 级、不经表面氧化的 A 级开槽圆柱头螺钉

记为：螺钉　GB/T 65　M5×20

螺纹规格 d	M1.6	M2	M2.5	M3	M4	M5	M6	M8	M10
P（螺距）	0.35	0.4	0.45	0.5	0.7	0.8	1	1.25	1.5
b_{min}	25	25	25	25	38	38	38	38	38
d_{kmax}	3	3.8	4.5	5.5	7	8.5	10	13	16
k_{max}	1.1	1.4	1.8	2.0	2.6	3.3	3.9	5.0	6.0
n_{nom}	0.4	0.5	0.6	0.8	1.2	1.2	1.6	2	2.5
r_{min}	0.1	0.1	0.1	0.1	0.2	0.2	0.25	0.4	0.4
t_{min}	0.45	0.6	0.7	0.75	1.1	1.3	1.6	2	2.4
l 范围	2~16	3~20	3~25	4~30	5~40	6~50	8~60	10~80	12~80
l 系列	2,3,4,5,6,8,10,12,(14),16,20,25,30,35,40,45,50,(55),60,(65),70,(75),80								

注：1. M1.6~M3 的螺钉，公称长度 $l \leqslant 30$mm 的，制出全螺纹；M4~M10 的螺钉，公称长度 $l \leqslant 40$mm 的，制出全螺纹。

　　2. 括号内的规格尽可能不用。

表 B-7　垫圈　　　　　　　　　　　　　　　　　　　　（单位：mm）

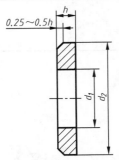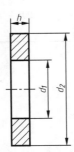

小垫圈——A 级（GB/T 848—2002）

平垫圈——A 级（GB/T 97.1—2002）

平垫圈　倒角型——A 级（GB/T 97.2—2002）

标记示例：

标准系列、公称直径为 8mm、性能等级为 140HV 级、不经表面处理的平垫圈

记为：垫圈　GB/T 97.1　8

	公称规格 d	1.6	2	2.5	3	4	5	6	8	10	12	14	16	20	24	30	36
d_1	GB/T 848	1.7	2.2	2.7	3.2	4.3	5.3	6.4	8.4	10.5	13	15	17	21	25	31	37
	GB/T 97.1	1.7	2.2	2.7	3.2	4.3	5.3	6.4	8.4	10.5	13	15	17	21	25	31	37
	GB/T 97.2	—	—	—	—	—	5.3	6.4	8.4	10.5	13	15	17	21	25	31	37
d_2	GB/T 848	3.5	4.5	5	6	8	9	11	15	18	20	24	28	34	39	50	60
	GB/T 97.1	4	5	6	7	9	10	12	16	20	24	28	30	37	44	56	66
	GB/T 97.2	—	—	—	—	—	10	12	16	20	24	28	30	37	44	56	66
h	GB/T 848	0.3	0.3	0.5	0.5	0.5	1	1.6	1.6	1.6	2	2.5	2.5	3	4	4	5
	GB/T 97.1	0.3	0.3	0.5	0.5	0.8	1	1.6	1.6	2	2.5	2.5	3	3	4	4	5
	GB/T 97.2	—	—	—	—	—	1	1.6	1.6	2	2.5	2.5	3	3	4	4	5

表 B-8　弹簧垫圈　　　　　　　　　　　　　　　　（单位：mm）

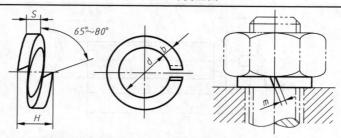

标准型弹簧垫圈（摘自 GB/T 93—1987）　　轻型弹簧垫圈（摘自 GB/T 859—1987）

标记示例：

公称规格为 16mm、材料为 65Mn、表面氧化的标准型弹簧垫圈

记为：垫圈　GB/T 93　16

规格（螺纹大径）		3	4	5	6	8	10	12	(14)	16	(18)	20	(22)	24	(27)	30
d_{min}		3.1	4.1	5.1	6.1	8.1	10.2	12.2	14.2	16.2	18.2	20.2	22.5	24.5	27.5	30.5
H_{min}	GB/T 93	1.6	2.2	2.6	3.2	4.2	5.2	6.2	7.2	8.2	9	10	11	12	13.6	15
	GB/T 859	1.2	1.6	2.2	2.6	3.2	4	5	6	6.4	7.2	8	9	10	11	12
$S(b)_{公称}$	GB/T 93	0.8	1.1	1.3	1.6	2.1	2.6	3.1	3.6	4.1	4.5	5	5.5	6	6.8	7.5
$S_{公称}$	GB/T859	0.6	0.8	1.1	1.3	1.6	2	2.5	3	3.2	3.6	4	4.5	5	5.5	6
$m \leqslant$	GB/T 93	0.4	0.55	0.65	0.8	1.05	1.3	1.55	1.8	2.05	2.25	2.5	2.75	3	3.4	3.75
	GB/T 859	0.3	0.4	0.55	0.65	0.8	1	1.25	1.5	1.6	1.8	2	2.25	2.5	2.75	3
b	GB/T 859	1	1.2	1.5	2	2.5	3	3.5	4	4.5	5	5.5	6	7	8	9

注：1. 括号内的规格尽可能不用。

　　2. m 应大于零。

附录 C　键、销

表 C-1　普通平键及键槽（摘自 GB/T 1096—2003 及 GB/T 1095—2003）

（单位：mm）

标记示例：

圆头普通平键（A 型）、$b=18$mm、$h=11$mm、$L=100$mm

记为：GB/T 1096　键 18×11×100

方头普通平键（B 型）、$b=18$mm、$h=11$mm、$L=100$mm

记为：GB/T 1096　键 B18×11×100

单圆头普通平键（C 型）、$b=18$mm、$h=11$mm、$L=100$mm

记为：GB/T 1096　键 C18×11×100

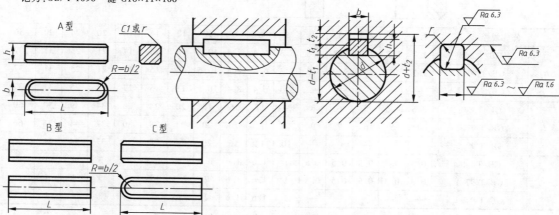

（续）

轴径（d）	键的公称尺寸			键槽深		r 小于
	b	h	L	轴 t_1	毂 t_2	
10～12	4	4	8～45	2.5	1.8	0.16
12～17	5	5	10～56	3.0	2.3	0.25
17～22	6	6	14～70	3.5	2.8	
22～30	8	7	18～90	4.0	3.3	
30～38	10	8	22～110	5.0	3.3	0.40
38～44	12	8	28～140	5.0	3.3	
44～50	14	9	36～160	5.5	3.8	
50～58	16	10	45～180	6.0	4.3	
58～65	18	11	50～200	7.0	4.4	
65～75	20	12	56～220	7.5	4.9	0.60
75～85	22	14	63～250	9.0	5.4	
85～95	25	14	70～280	9.0	5.4	
95～110	28	16	80～320	10.1	6.4	
110～130	32	18	90～360	11.0	7.4	
L系列	6,8,10,12,14,16,18,20,22,25,28,32,36,40,45,56,63,70,80,90,100,110,125,140,160					

注：在工作图中轴槽深用 $d-t_1$ 或 t_1 标注，轮毂槽深用 $d+t_2$ 标注。

表 C-2　销　　　　　　　　　　　　　　　　　（单位：mm）

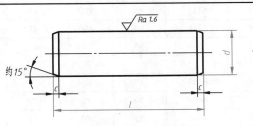

圆柱销（摘自 GB/T 119.1—2000）　　　　圆锥销（摘自 GB/T 117—2000）

标记示例：

公称直径为 10mm、长为 50mm、公差为 m6 的 A 型圆柱销

记为：销　GB/T 119.1　10 m6×50

公称直径为 10mm、长为 60mm 的 A 型圆锥销

记为：销　GB/T 117　10×60

名称	公称直径（d）	1	1.2	1.5	2	2.5	3	4	5	6	8	10	12
圆柱销 GB/T 119.1	$c\approx$	0.20	0.25	0.30	0.35	0.40	0.50	0.63	0.80	1.2	1.6	2	2.5
圆锥销 GB/117	$a\approx$	0.12	0.16	0.20	0.25	0.30	0.40	0.50	0.63	0.80	1	1.2	1.6
l（商品规格范围公称长度）		4～12	5～16	6～20	8～26	8～32	10～40	12～50	14～65	18～80	22～100	30～120	40～160
l系列		2,3,4,5,6,8,10,12,14,16,18,20,22,24,26,28,30,32,36,40,45,50,55,60,65,70,75,80,85,90,100,120											

附录 D　滚 动 轴 承

表 D-1　深沟球轴承（摘自 GB/T 276—2013）　　　　　（单位：mm）

标记示例：
滚动轴承 6210　GB/T 276—2013
（深沟球轴承、内径 $d = 50$mm、直径系列代号为 2）

轴承型号	尺寸				轴承型号	尺寸			
	d	D	B	r_{smin}		d	D	B	r_{smin}
02 系列					6308	40	90	23	1.5
6200	10	30	9	0.6	6309	45	100	25	1.5
6201	12	32	10	0.6	6310	50	110	27	2
6202	15	35	11	0.6	6311	55	120	29	2
6203	17	40	12	0.6	6312	60	130	31	2.1
6204	20	47	14	1	6313	65	140	33	2.1
6205	25	52	15	1	6314	70	150	35	2.1
6206	30	62	16	1	6315	75	160	37	2.1
6207	35	72	17	1.1	6316	80	170	39	2.1
6208	40	80	18	1.1	6317	85	180	41	3
6209	45	85	19	1.1	6318	90	190	43	3
6210	50	90	20	1.1	6319	95	200	45	3
6211	55	100	21	1.5	04 系列				
6212	60	110	22	1.5	6403	17	62	17	1.1
6213	65	120	23	1.5	6404	20	72	19	1.1
6214	70	125	24	1.5	6405	25	80	21	1.5
6215	75	130	25	1.5	6406	30	90	23	1.5
6216	80	140	26	2	6407	35	100	25	1.5
6217	85	150	28	2	6408	40	110	27	2
6218	90	160	30	2	6409	45	120	29	2
6219	95	170	32	2.1	6410	50	130	31	2.1
6220	100	180	34	2.1	6411	55	140	33	2.1
03 系列					6412	60	150	35	2.1
6300	10	35	11	0.6	6413	65	160	37	2.1
6301	12	37	12	1	6414	70	180	42	3
6302	15	42	13	1	6415	75	200	48	3
6303	17	47	14	1	6416	80	210	52	4
6304	20	52	15	1.1	6417	85	225	54	4
6305	25	62	17	1.1	6418	90	230	56	4
6306	30	72	19	1.1	6420	100	250	58	4
6307	35	80	21	1.5					

注：表中，d——轴承公称内径；D——轴承公称外径；B——轴承公称宽度；r_{smin}——内外圈公称倒角尺寸的单向最小尺寸。

表 D-2 圆锥滚子轴承（摘自 GB/T 297—2015）　　　（单位：mm）

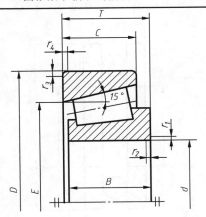

标记示例：
滚动轴承 30312 GB/T 297—2015
（圆锥滚子轴承、内径 d = 60mm、宽度系列代号为 0，直径系列代号为 0）

轴承型号	尺寸							α
	d	D	B	C	T	r_{1min} r_{2min}	r_{3min} r_{4min}	
02 系列								
30203	17	40	12	11	13.25	1	1	12°57′10″
30204	20	47	14	12	15.25	1	1	12°57′10″
30205	25	52	15	13	16.25	1	1	14°02′10″
30206	30	62	16	14	17.25	1	1	14°02′10″
30207	35	72	17	15	18.25	1.5	1.5	14°02′10″
30208	40	80	18	16	19.75	1.5	1.5	14°02′10″
30209	45	85	19	16	20.75	1.5	1.5	15°06′34″
30210	50	90	20	17	21.75	1.5	1.5	15°38′32″
30211	55	100	21	18	22.75	2	1.5	15°06′34″
30212	60	110	22	19	23.75	2	1.5	15°06′34″
03 系列								
30302	15	42	13	11	14.25	1	1	10°45′29″
30303	17	47	14	12	15.25	1	1	10°45′29″
30304	20	52	15	13	16.25	1.5	1.5	11°18′36″
30305	25	62	17	15	18.25	1.5	1.5	11°18′36″
30306	30	72	19	16	20.75	1.5	1.5	11°51′35″
30307	35	80	21	18	22.75	2	1.5	11°51′35″
30308	40	90	23	20	25.25	2	1.5	12°57′10″
30309	45	100	25	22	27.25	2	1.5	12°57′10″
30310	50	110	27	23	29.25	2.5	2	12°57′10″
30311	55	120	29	25	31.5	2.5	2	12°57′10″
30312	60	130	31	26	33.5	3	2.5	12°57′10″

表 D-3 推力球轴承（摘自 GB/T 301—2015）　　　（单位：mm）

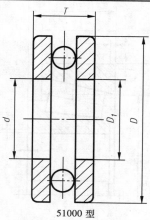

51000 型

标准外形

标记示例:滚动轴承 51212（GB/T 301—2015）

轴承型号	尺寸			
51000 型	d	D_{1min}	D	T
12 系列				
51202	15	17	32	12
51203	17	19	35	12
51204	20	22	40	14
51205	25	27	47	15
51206	30	32	52	16
51207	35	37	62	18
51208	40	42	68	19
51209	45	47	73	20
51210	50	52	78	22
51211	55	57	90	25
51212	60	62	95	26
13 系列				
51304	20	22	47	18
51305	25	27	52	18
51306	30	32	60	21
51307	35	37	68	24
51308	40	42	78	26
51309	45	47	85	28
51310	50	52	95	31
51311	55	57	105	35
51312	60	62	110	35
51313	65	67	115	36
51314	70	72	125	40

附录 E　极限与配合

表 E-1　标准公差数值（摘自 GB/T 1800.4—2009）

公称尺寸 /mm		标准公差等级																			
		IT01	IT0	IT1	IT2	IT3	IT4	IT5	IT6	IT7	IT8	IT9	IT10	IT11	IT12	IT13	IT14	IT15	IT16	IT17	IT18
		标准公差数值																			
大于	至	/μm													/mm						
—	3	0.3	0.5	0.8	1.2	2	3	4	6	10	14	25	40	60	0.1	0.14	0.25	0.4	0.6	1	1.4
3	6	0.4	0.6	1	1.5	2.5	4	5	8	12	18	30	48	75	0.12	0.18	0.3	0.48	0.75	1.2	1.8
6	10	0.4	0.6	1	1.5	2.5	4	6	9	15	22	36	58	90	0.15	0.22	0.36	0.58	0.9	1.5	2.2
10	18	0.5	0.8	1.2	2	3	5	8	11	18	27	43	70	110	0.18	0.27	0.43	0.7	1.1	1.8	2.7
18	30	0.6	1	1.5	2.5	4	6	9	13	21	33	52	84	130	0.21	0.33	0.52	0.84	1.3	2.1	3.3
30	50	0.6	1	1.5	2.5	4	7	11	16	25	39	62	100	160	0.25	0.39	0.62	1	1.6	2.5	3.9
50	80	0.8	1.2	2	3	5	8	13	19	30	46	74	120	190	0.3	0.46	0.74	1.2	1.9	3	4.6
80	120	1	1.5	2.5	4	6	10	15	22	35	54	87	140	220	0.35	0.54	0.87	1.4	2.2	3.5	5.4
120	180	1.2	2	3.5	5	8	12	18	25	40	63	100	160	250	0.4	0.63	1	1.6	2.5	4	6.3
180	250	2	3	4.5	7	10	14	20	29	46	72	115	185	290	0.46	0.72	1.15	1.85	2.9	4.6	7.2
250	315	2.5	4	6	8	12	16	23	32	52	81	130	210	320	0.52	0.81	1.3	2.1	3.2	5.2	8.1
315	400	3	5	7	9	13	18	25	36	57	89	140	230	360	0.57	0.89	1.4	2.3	3.6	5.7	8.9
400	500	4	6	8	10	15	20	27	40	63	97	155	250	400	0.63	0.97	1.55	2.5	4	6.3	9.7
500	630	—	—	9	11	16	22	32	44	70	110	175	280	440	0.7	1.1	1.75	2.8	4.4	7	11
630	800	—	—	10	13	18	25	36	50	80	125	200	320	500	0.8	1.25	2	3.2	5	8	12.5
800	1000	—	—	11	15	21	28	40	56	90	140	230	360	560	0.9	1.4	2.3	3.6	5.6	9	14
1000	1250	—	—	13	18	24	33	47	66	105	165	260	420	660	1.05	1.65	2.6	4.2	6.6	10.5	16.5
1250	1600	—	—	15	21	29	39	55	78	125	195	310	500	780	1.25	1.95	3.1	5	7.8	12.5	19.5
1600	2000	—	—	18	25	35	46	65	92	150	230	370	600	920	1.5	2.3	3.7	6	9.2	15	23
2000	2500	—	—	22	30	41	55	78	110	175	280	440	700	1100	1.75	2.8	4.4	7	11	17.5	28
2500	3150	—	—	26	36	50	68	96	135	210	330	540	860	1350	2.1	3.3	5.4	8.6	13.5	21	33

表 E-2　轴的基本偏差

公称尺寸 /mm	上极限偏差, es												j			
	a	b	c	cd	d	e	ef	f	fg	g	h	js	IT5 和 IT6	IT7	IT8	IT4~IT7
	所有公差等级															
≤3	-270	-140	-60	-34	-20	-14	-10	-6	-4	-2	0		-2	-4	-6	0
>3~6	-270	-140	-70	-46	-30	-20	-14	-10	-6	-4	0		-2	-4	—	+1
>6~10	-280	-150	-80	-56	-40	-25	-18	-13	-8	-5	0		-2	-5	—	+1
>10~14	-290	-150	-95	-70	-50	-32	-23	-16	-10	-6	0		-3	-6	—	+1
>14~18	-290	-150	-95	-70	-50	-32	-23	-16	-10	-6	0		-3	-6	—	+1
>18~24	-300	-160	-110	-85	-65	-40	-25	-20	-12	-7	0		-4	-8	—	+2
>24~30	-300	-160	-110	-85	-65	-40	-25	-20	-12	-7	0		-4	-8	—	+2
>30~40	-310	-170	-120	-100	-80	-50	-35	-25	-15	-9	0		-5	-10	—	+2
>40~50	-320	-180	-130	-100	-80	-50	-35	-25	-15	-9	0		-5	-10	—	+2
>50~65	-340	-190	-140	—	-100	-60	—	-30	—	-10	0		-7	-12	—	+2
>65~80	-360	-200	-150	—	-100	-60	—	-30	—	-10	0	偏差=(IT_n)/2,式中,n 是标准公差等级数	-7	-12	—	+2
>80~100	-380	-220	-170	—	-120	-72	—	-36	—	-12	0		-9	-15	—	+3
>100~120	-410	-240	-180	—	-120	-72	—	-36	—	-12	0		-9	-15	—	+3
>120~140	-460	-260	-200	—	-145	-85	—	-43	—	-14	0		-11	-18	—	+3
>140~160	-520	-280	-210	—	-145	-85	—	-43	—	-14	0		-11	-18	—	+3
>160~180	-580	-310	-230	—	-145	-85	—	-43	—	-14	0		-11	-18	—	+3
>180~200	-660	-340	-240	—	-170	-100	—	-50	—	-15	0		-13	-21	—	+4
>200~225	-740	-380	-260	—	-170	-100	—	-50	—	-15	0		-13	-21	—	+4
>225~250	-820	-420	-280	—	-170	-100	—	-50	—	-15	0		-13	-21	—	+4
>250~280	-920	-480	-300	—	-190	-110	—	-56	—	-17	0		-16	-26	—	+4
>280~315	-1050	-540	-330	—	-190	-110	—	-56	—	-17	0		-16	-26	—	+4
>315~355	-1200	-600	-360	—	-210	-125	—	-62	—	-18	0		-18	-28	—	+4
>355~400	-1350	-680	-400	—	-210	-125	—	-62	—	-18	0		-18	-28	—	+4
>400~450	-1500	-760	-440	—	-230	-135	—	-68	—	-20	0		-20	-32	—	+5
>450~500	-1650	-840	-480	—	-230	-135	—	-68	—	-20	0		-20	-32	—	+5

注：公称尺寸小于或等于 1mm 时，各级的 a 和 b 均不采用。

数值（摘自 GB/T 1800.1—2020） （单位：μm）

下极限偏差，ei														
k	m	n	p	r	s	t	u	v	x	y	z	za	zb	zc
≤IT3，>IT7	所有公差等级													
0	+2	+4	+6	+10	+14	—	+18	—	+20	—	+26	+32	+40	+60
0	+4	+8	+12	+15	+19	—	+23	—	+28	—	+35	+42	+50	+80
0	+6	+10	+15	+19	+23	—	+28	—	+34	—	+42	+52	+67	+97
0	+7	+12	+18	+23	+28	—	+33	—	+40	—	+50	+64	+90	+130
								+39	+45	—	+60	+77	+108	+150
0	+8	+15	+22	+28	+35	—	+41	+47	+54	+63	+73	+98	+136	+188
						+41	+48	+55	+64	+75	+88	+118	+160	+218
0	+9	+17	+26	+34	+43	+48	+60	+68	+80	+94	+112	+148	+200	+274
						+54	+70	+81	+97	+114	+136	+180	+242	+325
0	+11	+20	+32	+41	+53	+66	+87	+102	+122	+144	+172	+226	+300	+405
				+43	+59	+75	+102	+120	+146	+174	+210	+274	+360	+480
0	+13	+23	+37	+51	+71	+91	+124	+146	+178	+214	+258	+335	+445	+585
				+54	+79	+104	+144	+172	+210	+254	+310	+400	+525	+690
0	+15	+27	+43	+63	+92	+122	+170	+202	+248	+300	+365	+470	+620	+800
				+65	+100	+134	+190	+228	+280	+340	+415	+535	+700	+900
				+68	+108	+146	+210	+252	+310	+380	+465	+600	+780	+1000
0	+17	+31	+50	+77	+122	+166	+236	+284	+350	+425	+520	+670	+880	+1150
				+80	+130	+180	+258	+310	+385	+470	+575	+740	+960	+1250
				+84	+140	+196	+284	+340	+425	+520	+640	+820	+1050	+1350
0	+20	+34	+56	+94	+158	+218	+315	+385	+475	+580	+710	+920	+1200	+1550
				+98	+170	+240	+350	+425	+525	+650	+790	+1000	+1300	+1700
0	+21	+37	+62	+108	+190	+268	+390	+475	+590	+730	+900	+1150	+1500	+1900
				+114	+208	+294	+435	+530	+660	+820	+1000	+1300	+1650	+2100
0	+23	+40	+68	+126	+232	+330	+490	+595	+740	+920	+1100	+1450	+1850	+2400
				+132	+252	+360	+540	+660	+820	+1000	+1250	+1600	+2100	+2600

表 E-3　孔的基本偏差

基本偏差代号	A	B	C	CD	D	E	EF	F	FG	G	H	JS	J			K		M		N	
公称尺寸/mm	所有公差等级												IT6	IT7	IT8	≤IT8	>IT8	≤IT8	>IT8	≤IT8	>IT8
	下极限偏差，EI																				
≤3	+270	+140	+60	+34	+20	+14	+10	+6	+4	+2	0		+2	+4	+6	0	0	−2	−2	−4	−4
3~6	+270	+140	+70	+46	+30	+20	+14	+10	+6	+4	0		+5	+6	+10	−1+Δ	—	−4+Δ	−4	−8+Δ	0
6~10	+280	+150	+80	+56	+40	+25	+18	+13	+8	+5	0		+5	+8	+12	−1+Δ	—	−6+Δ	−6	−10+Δ	0
10~14	+290	+150	+95	+70	+50	+32	+23	+16	+10	+6	0		+6	+10	+15	−1+Δ	—	−7+Δ	−7	−12+Δ	0
14~18	+290	+150	+95	+70	+50	+32	+23	+16	+10	+6	0		+6	+10	+15	−1+Δ	—	−7+Δ	−7	−12+Δ	0
18~24	+300	+160	+110	+85	+65	+40	+28	+20	+12	+7	0		+8	+12	+20	−2+Δ	—	−8+Δ	−8	−15+Δ	0
24~30	+300	+160	+110	+85	+65	+40	+28	+20	+12	+7	0		+8	+12	+20	−2+Δ	—	−8+Δ	−8	−15+Δ	0
30~40	+310	+170	+120	+100	+80	+50	+35	+25	+15	+9	0		+10	+14	+24	−2+Δ	—	−9+Δ	−9	−17+Δ	0
40~50	+320	+180	+130	+100	+80	+50	+35	+25	+15	+9	0		+10	+14	+24	−2+Δ	—	−9+Δ	−9	−17+Δ	0
50~65	+340	+190	+140	—	+100	+60	—	+30	—	+10	0		+13	+18	+28	−2+Δ	—	−11+Δ	−11	−20+Δ	0
65~80	+360	+200	+150	—	+100	+60	—	+30	—	+10	0		+13	+18	+28	−2+Δ	—	−11+Δ	−11	−20+Δ	0
80~100	+380	+220	+170	—	+120	+72	—	+36	—	+12	0		+16	+22	+34	−3+Δ	—	−13+Δ	−13	−23+Δ	0
100~120	+410	+240	+180	—	+120	+72	—	+36	—	+12	0		+16	+22	+34	−3+Δ	—	−13+Δ	−13	−23+Δ	0
120~140	+460	+260	+200	—	+145	+85	—	+43	—	+14	0	偏差=±$IT_n/2$，n为标准公差等级数	+18	+26	+41	−3+Δ	—	−15+Δ	−15	−27+Δ	0
140~160	+520	+280	+210	—	+145	+85	—	+43	—	+14	0		+18	+26	+41	−3+Δ	—	−15+Δ	−15	−27+Δ	0
160~180	+580	+310	+230	—	+145	+85	—	+43	—	+14	0		+18	+26	+41	−3+Δ	—	−15+Δ	−15	−27+Δ	0
180~200	+660	+340	+240	—	+170	+100	—	+50	—	+15	0		+22	+30	+47	−4+Δ	—	−17+Δ	−17	−31+Δ	0
200~225	+740	+380	+260	—	+170	+100	—	+50	—	+15	0		+22	+30	+47	−4+Δ	—	−17+Δ	−17	−31+Δ	0
225~250	+820	+420	+280	—	+170	+100	—	+50	—	+15	0		+22	+30	+47	−4+Δ	—	−17+Δ	−17	−31+Δ	0
250~280	+920	+480	+300	—	+190	+110	—	+56	—	+17	0		+25	+36	+55	−4+Δ	—	−20+Δ	−20	−34+Δ	0
280~315	+1050	+540	+330	—	+190	+110	—	+56	—	+17	0		+25	+36	+55	−4+Δ	—	−20+Δ	−20	−34+Δ	0
315~355	+1200	+600	+360	—	+210	+125	—	+62	—	+18	0		+29	+39	+60	−4+Δ	—	−21+Δ	−21	−37+Δ	0
355~400	+1350	+680	+400	—	+210	+125	—	+62	—	+18	0		+29	+39	+60	−4+Δ	—	−21+Δ	−21	−37+Δ	0

注：公称尺寸≤1mm时，不适用基本偏差 A 和 B。

数值（摘自 GB/T 1800.1—2020）　　　　　　　　　　　　　　　　　　　　　　（单位：μm）

P~ZC	P	R	S	T	U	V	X	Y	Z	ZA	ZB	ZC	Δ值					
≤IT7					>IT7								IT3	IT4	IT5	IT6	IT7	IT8
上极限偏差,ES																		
—	-6	-10	-14	—	-18	—	-20	—	-26	-32	-40	-60	0	0	0	0	0	0
	-12	-15	-19	—	-23	—	-28	—	-35	-42	-50	-80	1	1.5	1	3	4	6
	-15	-19	-23	—	-28	—	-34	—	-42	-52	-67	-97	1	1.5	2	3	6	7
	-8	-23	-28	—	-33	—	-40	—	-50	-64	-90	-130	1	2	3	3	7	9
						-39	-45	—	-60	-77	-108	-150						
	-22	-28	-35	—	-41	-47	-54	-63	-73	-98	-136	-188	1.5	2	3	4	8	12
				-41	-48	-55	-64	-75	-88	-118	-160	-218						
—	-26	-34	-43	-48	-60	-68	-80	-94	-112	-148	-200	-274	1.5	3	4	5	9	14
				-54	-70	-81	-97	-114	-136	-180	-242	-325						
	-32	-41	-53	-66	-87	-102	-122	-144	-172	-226	-300	-405	2	3	5	6	11	16
		-43	-59	-75	-102	-120	-146	-174	-210	-274	-360	-480						
	-37	-51	-71	-91	-124	-146	-178	-214	-258	-335	-445	-585	2	4	5	7	13	19
		-54	-79	-104	-144	-172	-210	-254	-310	-400	-525	-690						
	-43	-63	-92	-122	-170	-202	-248	-300	-365	-470	-620	-800	3	4	6	7	15	23
		-65	-100	-134	-190	-228	-280	-340	-415	-535	-700	-900						
		-68	-108	-146	-210	-252	-310	-380	-465	-600	-780	-1000						
	-50	-77	-122	-166	-236	-284	-350	-425	-520	-670	-880	-1150	3	4	6	9	17	26
		-80	-130	-180	-258	-310	-385	-470	-575	-740	-960	-1250						
		-84	-140	-196	-284	-340	-425	-520	-640	-820	-1050	-1350						
	-56	-94	-158	-218	-315	-385	-475	-580	-710	-920	-1200	-1550	4	4	7	9	20	29
		-98	-170	-240	-350	-425	-525	-650	-790	-1000	-1300	-1700						
	-62	-108	-190	-268	-390	-470	-590	-730	-900	-1150	-1500	-1900	4	5	7	11	21	32
		-114	-208	-294	-435	-530	-660	-820	-1000	-1300	-1650	-2100						

参 考 文 献

［1］ 机械设计手册编委会. 机械设计手册［M］. 6 版. 北京：机械工业出版社，2018.

［2］ 胡建生. 机械制图［M］. 3 版. 北京：机械工业出版社，2018.